青鸟新知

动物与我们如此相似

解 码 生 命 的 智 慧

〔德〕诺伯特·萨克瑟——著
〔德〕潘薇——译
赵序茅——审订

江苏凤凰科学技术出版社·南京

图书在版编目（CIP）数据

动物与我们如此相似 ：解码生命的智慧 / （德）诺伯特•萨克瑟著 ；（德）潘薇译. -- 南京 ：江苏凤凰科学技术出版社，2025. 3. -- ISBN 978-7-5713-4882-3

Ⅰ. Q958.12

中国国家版本馆CIP数据核字第2024VB2709号

动物与我们如此相似　解码生命的智慧

著　　者　〔德〕诺伯特·萨克瑟
译　　者　〔德〕潘　薇
审　　订　赵序茅
封面绘图　徐　洋
总 策 划　傅　梅
策　　划　陈卫春　王　岽
责任编辑　杨　帆　王　静
责任设计编辑　蒋佳佳
责任校对　仲　敏
责任监制　刘　钧

出版发行　江苏凤凰科学技术出版社
出版社地址　南京市湖南路 1 号A楼，邮编：210009
编读信箱　skkjzx@163.com
照　　排　江苏凤凰制版有限公司
印　　刷　南京新洲印刷有限公司

开　　本　718 mm×1 000 mm　1/16
印　　张　12.75
插　　页　4
字　　数　255 000
版　　次　2025 年 3 月第 1 版
印　　次　2025 年 3 月第 1 次印刷

标准书号　ISBN 978-7-5713-4882-3
定　　价　58.00 元

图书如有印装质量问题，可随时向我社印务部调换。联系电话：025-83657629。

前言

我们大多数人从小就对动物感兴趣，它们的一举一动都令我们着迷。无论是在网络、电视还是印刷品上，与动物有关的内容总能获得社会的高度关注。其实，社会对动物的看法——对待动物的方式以及对动物行为的解释和说明，会随着时间的推移而产生变化。尤其在最近几年，我们正在经历一场根本性的变革。

主导这种变化的科学学科主要是行为生物学。这门学科对动物的行为进行描述，探寻这些行为背后的原因，并分析由此产生的后果。本书面向的是所有对动物行为和对科学界动物形象变化感兴趣，并希望了解有关动物思维、感觉和行为方面的实际研究成果的读者。

从最初设想到最后完成，本书走过了一段漫长的道路。与本书相关的最初想法在 20 世纪 90 年代中期就已经形成了。当时，神父兼动物学家莱纳·哈根科德（Rainer Hagencord）邀请我为明斯特大学的天主教社团做一次演讲。鉴于日益严重的生态和生物伦理问题，他致力于推动自然科学、神学和哲学之间的跨学科对话。我选择的演讲主题是“人类是否是万物之王：关于动物的思维、感觉和行为”。正是这次机会，让我基于行为生物学的数据和论据，首次发展出了本书的核心观点：人类和动物走得更近了，动物与我们的相似之处比我们几年前设想的要多得多。当时，我并不知道在接下来的几年里，行为生物学领域的各项发现会在很大程度上证实这一论点。

原书的书名——《动物与我们如此相似》，源于一个我的同事莱因哈德·霍普斯（Reinhard Hoeps）在 2000 年于明斯特的大学艺术日发起的同名项目，其目的在于探索自然科学与艺术之间的对话。那些艺术家与我们这些生物学家的交流不仅使一件引人注目的艺术作品诞生——西尔克·雷伯格（Silke Rehberg）的《蓝色豚鼠》，这组上过釉的陶制圆形浮雕，一直摆放在我们研究所大楼外墙的醒目位置；也令我越来越清晰地意识到，在人类身上不仅可以找到大量动物的特性，反之在动物身上也存在很多人类的影子。从那时起，对我来说，“动物与人的相似性”这个视角变得远比其他视角更具有吸引力。

这本书能在多年后问世，要归功于我的编辑弗兰克·斯特里克斯特洛克（Frank Strickstrock）对我坚持不懈的说服。他注意到我在《明镜周刊》的访谈中说道：“我们目前正在经历一场动物形象的革命。”在访问明斯特期间，他询问我是否有兴趣写一本关于这个主题的书籍。起初我对此感到犹豫不决，但在随后的会面中，我越来越热衷于这个选题。

现在这本书终于出版了！本书涵盖了行为生物学的六大主题，这些主题在科学界对动物解读的变化中至关重要，并且能帮助我们缩小人类与动物之间的概念鸿沟。为了避免引起误解，我需要说明的是，在选择主题时，我无可否认地被自己的研究兴趣所影响，并且这些内容也只能反映当代行为生物学的一部分。对于本书，读者应注意：本书每一章都可以单独阅读，任何章节都不以其他章节为基础。因此，对"身心健康、情感和动物友好型生活"这一主题最感兴趣的读者，可以从第三章开始阅读；想要重点阅读"动物的个性"这一主题的读者，可以从第六章开始阅读。

单凭我自己的力量，是无法走上科学的道路的，如果没有其他人的支持，这本书就不可能问世。在此，我想要感谢许多人。我的父母从小就培养我对科研的兴趣，并在我前进的道路上无条件地支持我。我的学术老师和导师，特别是克劳斯·伊梅尔曼（Klaus Immelmann）、休伯特·亨德里克斯（Hubert Hendrichs）和迪特里希·冯·霍尔斯特（Dietrich von Holst），他们以身作则，向我展示了什么是"好的科学"。过去几十年的科研离不开我团队中的优秀人员，其中的许多人现在已经是教授，或担任着其他重要职务。在科研中，与来自世界各地的研究人员进行科学交流是不可或缺的一部分。对此，我要感谢明斯特大学演化学研究生院的同事们。近年来，我与他们进行了许多激动人心的讨论，这些讨论远远超出了我自己的课题范围。

我还要感谢德国研究基金会数十年来对我团队研究工作的慷慨资助：在第二章中提到的研究成果是由"社会生理学"项目资助的；第三章和第四章中介绍的数个研究基于我们通过德国研究基金会合

作研究中心开展的“恐惧、焦虑和焦虑症”项目；第六章提到的许多见解来源于“早期经验及行为可塑性”研究项目小组，以及合作研究项目“个体及其生态位”；并且，第七章中提到的研究工作是通过优先计划项目“社会系统中的遗传学分析”开展的。

本书初稿完成后，多位德高望重的行为生物学家仔细地审阅了各个章节。为此，非常感谢奥利弗·阿德里安（Oliver Adrian）、丽贝卡·海明（Rebecca Heiming）、尼克拉斯·卡斯特纳（Niklas Kästner）、西尔维娅·凯泽（Sylvia Kaiser）、海伦·里希特（Helene Richter）和托比亚斯·齐默尔曼（Tobias Zimmermann）。我还要感谢我的妻子克劳迪娅·博格（Claudia Böger）。作为一名人文科学博士，她以充满跨学科性和建设性的思维陪伴我的研究工作长达三十多年。她对书稿批判性地审阅，以及提出的许多有益的建议，为本书的创作做出了重要贡献。

诺伯特·萨克瑟

明斯特，2018 年 3 月

目录

CONTENTS

第一章

典型的人类
与典型的动物

简介——重建“动物”的概念

在行为生物学领域，动物形象发生了一场革命性的变化，这场革命对人类的自我形象及人类与动物的关系都产生了深远的影响。就在几十年前，行为生物学的两个基本教条还是：动物不会思考，以及我们无法对动物的情感做出任何科学的说明。

如今，同样在行为生物学领域，人们认为这两种说法都是错误的，并提出了完全相反的主张：某些动物具有洞察力，它们能从镜子中认出自己，并且至少拥有自我意识的雏形；某些动物拥有与人类相媲美的情感，这些情感在细节上的相似度令人惊奇。某些情境会引起人类积极或消极的情感，例如当我们坠入爱河或与伴侣分手时，在同样的情境下，一些动物也会有同样的反应。

事实上，近几十年来，现代行为生物学中动物的概念发生了如此巨大的变化，以至于我们可以称之为一种范式转移。由于能够通过识别理性驱动还是本能驱动来区别人与其他动物这一论据早已站不住脚，新的问题随之而来：我们和其他动物的真正区别是什么？它们身上究竟有多少人性？

与生命科学中动物概念的发展类似，公众对人类与动物的关系的看法也发生了显著的变化。如果在几十年前，向生物学学生展示3张分别印有一条金鱼、一只黑猩猩和一个人的照片，并要求学生自行将其分为两类，90%以上的学生会将人归为第一类，将黑猩猩和鱼归为第二类，因为后两者在那时的大部分人眼里属于动物。如今，当生物学学生在第一学期被问及同样的问题时，结果就完全不同了：50%以上的学生会将人类和黑猩猩归为一类，而将金鱼归为另一类。显然，在公众眼中，人类和动物的关系更近了。

第三个教条的失败也证实了这一点。动物的行为都是为了物种的利益，它们通常不会残害同类，会互相帮助，甚至牺牲自己。今天，我们知道事实并非如此。相反，动物会竭尽全力确保自己的基因以最大的效率复制给下一代，为了达到这一目标，它们会杀死同类。显然，动物并不如简·古道尔（Jane Goodall）那闻名于世的愿望一般，是“更好的人类”。

在其他领域，人类和动物之间的分界线也越来越模糊。例如，会导致人类和动物都产生压力的社会环境特征是类似的，可以有效帮助人类和动物舒缓压力的因素也十分相似。塑造人类和动物的思维、感觉和行为的基因，与环境的作用方式也是相似的。动物的行为发展并不会一成不变：从出生前到成年期，环境特征、社会化和学习都会改变动物的行为。通过仔细观察，动物与人类一样，终会展现出个性化的特征，这就是如今行为生物学将动物的个性纳入研究范围的主要原因。

本书将展示科学界对动物行为的理解是怎样变化的，以及发生这一根本性变化背后的原因。本书将重点放在哺乳动物上，人类在生物学上就被归于这一分类。世界上有将近 5 500 种哺乳动物，拥有最多样化的栖息地。狮子和斑马栖息在大草原上，大猩猩和红毛猩猩栖息在热带雨林中，耳廓狐生活在沙漠中，北极熊生活在极地地区，鼹鼠过着地下生活，蝙蝠开辟了空中领地，鲸和海豹完美地适应了水中的生活。

人类与其他哺乳动物有很多共同之处：人类与倭黑猩猩、黑猩猩在基因上有近 99% 的相似性；所有哺乳动物的大脑结构非常相似，特别是大脑中所谓的“古老部分”，如边缘系统，在最小的细节上都显示出相似性，例如，人类、黑猩猩和松鼠猴看到蛇时的恐惧反应，很可能受到完全相同的神经元过程的控制。

生理调节系统也是如此，正是相同的激素使包括人类的所有哺乳动物，能积极应对压力，适应不断变化的环境条件，以及成功进行繁殖。事实上，如睾酮和雌二醇的性激素，如肾上腺素和皮质醇的应激激素，以及被称为“爱情激素”的催产素，并不是人类独有的，它们会以相同的形式出现在蝙蝠、犀牛和海豚等各种各样的物种中。

然而，人类与其他动物在基因、大脑结构及内分泌系统上的相似性并不能理所当然地等同于思维、感觉和行为上的相似性。为了证明这些相似性，需要对人类和其他动物的相应特征进行针对性的研究，致力于相关领域研究的科学学科是行为生物学。其创始人之一——诺贝尔奖获得者尼古拉斯·廷伯根（Nikolaas Tinbergen），简洁而恰当地将这一研究领域定义为“使用生物学方法研究行为的学科”。

使用生物学方法研究行为的学科

通过厘清动物知识与行为生物学知识之间的关系，可以非常简单地说明以上定义的含义：动物知识当然是行为生物学研究的必要先决条件；但是，动物知识本身并不足以对动物行为做出科学论述。因此，这两个词绝不是同义词。并非每个与动物打交道并就动物行为发表意见的人都是行为生物学家，尽管与动物有密切接触的人可能对动物的行为了如指掌。例如，我的祖母对我家狗行为的预测总是准确的，对于“小心，它要咬人了”这样的警告，我们最好都能认真对待。但这并不是科学意义上的知识，而是通过经验获得的直觉。如果我问她这些知识从何而来，她会说：“我就是知道”。

当然，经验和直觉可与科学知识一样真实。但问题是，它们不是绝对正确的，而且很难确定它们什么时候是正确的，什么时候不是正确的。就比如，有的动物因其被人类赋予的特征，而在俗语中有了附加的含义，如偷东西的喜鹊、愚蠢的鹅、虚伪的蛇，以及对自己儿女不管不顾的乌鸦妈妈。这些被人类加在动物身上的属性是否准确，最终只能通过行为生物学的研究来澄清。而相关研究表明，上述观点都是偏见，这些说法无法得到科学证明。

那么，行为生物学知识究竟拥有什么样的特征呢？与任何科学知识一样，我们必须能够说明获得这些知识的方法和过程。我祖母所拥有的关于动物的知识就并非如此。对于行为生物学研究来说，仅仅坐在一群动物面前，观察它们的行为，然后描述出对动物的主观印象是不够的。

在合理的行为学研究中，研究人员必须首先列出并定义所研究的动物的行为，也就是所谓的行为谱；然后再使用适当的方法收集数据。例如，在对动物社会生活进行研究时，研究人员需要记录：每只动物表现出社会积极行为（对群体中其他成员友好的行为）的频率和持续时间，每只动物成为攻击行为的发起者或目标的频率，每只动物将自己置于群体中特定伙伴旁的频率，以及哪只雄性动物与哪只雌性动物进行交配。以前只能用纸和笔记录这些数据，现在可以借助复杂的软件，记录和分析行为数据，并对结果进行统计、评估。

纵观行为生物学的研究历史，不难发现选择正确的方法收集数据是多么重要。几十年前，在动物的自然栖息地首次开展这类研究时，科学家们通常使用的是随机采样法：观察一个群体中的所有动物，同时记录下所有观察到的行为。

然而，这就产生了一个在知觉心理学领域被广为人知的问题：人类的注意力主要集中在动静大、显眼和独特的事物上，而忽略了悄无声息、不着痕迹的细微事件。在许多哺乳动物社会中，雄性动物的行为，尤其是在与同类的互动中，比雌性动物的行为更突出、更有表现力，雄性动物之间的对抗往往以发出明显的声音为特征。如果使用随机采样法，从雄性动物那里收集到的数据必然要比从雌性动物那里收集到的数据多得多。这可能在很大程度上导致许多雄性动物常被人类描述为制订规则的、占主导地位的一方，雌性动物则常被描述为被动的、处于劣势地位的一方。

在认识到这一方法论上的问题后，随机采样法被焦点动物取样法取代，也就是对群体中的每只动物进行相同时间的观察，从而确保每只动物都受到同样程度的关注。通过这种方法收集到的数据，极大地修正了我们对哺乳动物社会中雌性角色的认知——雌性动物绝不是被动的，它们只是更倾向于通过比雄性动物更微妙但不乏影响力的方式进行互动。最新的行为生物学教科书也反映了这一观点，指出在灵长类社会中，往往是雌性为群体做出最重要的决定。

总之，关于哺乳动物社会生活的行为生物学研究呈现出极大的多样性：许多动物，尤其是灵长类动物，它们的社会生活长期由几只成年雄性和成年雌性组成的固定群体构成，但哺乳动物的社会生活多彩多样。有的哺乳动物，如老虎，过着独居生活。有的哺乳动物，如某种斑马，则过着一雄多雌制的生活。有的哺乳动物群体中，雌性之间有着长达终生的、密切的关系，例如大象，大象也因此被认为是动物王国中最具代表性的母系社会动物。猎豹等少数几种动物与大象类似，只不过是雄性之间存在这种长期关系。在南美洲生活的一种小型猴类——鞍背柽柳猴中，经常会出现一雌二雄的多配偶制现象。有趣的是，人类社会的一夫一妻制很少在非人类哺乳动物中出现，只有不超过 3%~5% 的哺乳动物会以成双成对的形式生活在一起，例如北美草原田鼠。就连人类生物学上的“近亲”——倭黑猩猩、黑猩猩、大猩猩、红毛猩猩等，都不会长期以这种形式生活。

鉴于物种、栖息地和生活方式的多样性，行为生物学研究不仅必须采用合理的科学方法，其研究结果还应具有可再现性。如果一个柏林的研究小组在实验中证明，蜜蜂可以通过太阳的位置来确定方向，那么位于伦敦或东京的其他研究人员，也必须能够通过同样的实验来验证这一结果。

接下来要提到的一个众所周知的案例可以很好地说明可重复性的重要性。第一次世界大战前，一个名叫威廉·冯·奥斯腾（Wilhelm von Osten）的人凭借他的马“聪明的汉斯”引起了不小的轰动。这匹马看似能够完成基础的算术——加法、减法、除法，并通过用蹄子刨地或点头来指出正确答案。当时的人们纷纷惊叹不已，但很快科学家们开始怀疑这匹马是否真的有能力完成如此壮举。他们要求进行调查，威廉·冯·奥斯腾也同意了。事实上，第一次调查结果表明，即使由陌生人以基础的方程式为题，这匹名为“聪明的汉斯”的马也能解答出来。但是，当在场的人都不知道算术题的结果时，“聪明的汉斯”便无法给出正确的答案。原来，这是因为这匹马具有出色的感知能力，能察觉到出题人的身体紧张程度的细微变化，并由此推断出它应何时停止用蹄子刨地或点头。这就意味着，它并不具备计算能力。

“聪明的汉斯”对行为生物学的研究产生了深刻而持久的影响。如今，人们普遍认为，动物的认知能力只有在所谓的“盲测法”中才能得到科学的证明。在实验期间，实施实验的人员本身必须对动物所承担任务的答案毫不知情。只有这样，才能确保实验不会被无意识的人为因素所干扰，也就是所谓的“‘聪明的汉斯’效应”。威廉·冯·奥斯腾当然不是江湖骗子。他坚信自己的马具有认知能力。时至今日，许多宠物主人仍然认为他们的狗或猫具有杰出的认知能力，例如“我的狗能听懂我说的每一个字”。然而，仅凭日常经验，我们并不能科学判断事实是否如此。“聪明的汉斯”给我们上了令人印象深刻的一课。

由此可见，行为生物学基本的研究方法就是对动物的行为进行客观和可再现的记录。根据课题的不同，也可使用相邻学科的技术。例如，利用最先进的卫星技术来确定鸟类迁徙过程中个体的位置，通过测量激素水平分析动物的应激状态，利用分子遗传方法来确定亲子关系或亲属关系……通过这些技术，研究人员可以获得仅靠观察行为无法获得的见解。例如，鸣禽在德国常被人们认为是忠诚的象征，然而，遗传指纹所验证的亲子关系揭示了完全不同的情况：大多数在巢中发现的雏鸟的父亲，往往不是拥有该巢并哺育幼鸟的雄鸟。外遇行为显然不是人类特有的现象。

行为生物学简史

人类自诞生之日起，就对身边的动物产生了浓厚的兴趣——为了躲避、捕猎它们，甚至只是为了欣赏它们。阿尔塔米拉洞窟和拉斯科洞窟里的壁画是人类历史上最古老的艺术作品之一，是石器时代人类与动物关系的见证。几千年来，人类凭借对动物的出色了解，通过繁殖、驯化野生动物而创造出家养动物，并使它们成为日常生活中的长期伴侣。绵羊、猪、牛和山羊与我们一起生活了约 1 万年，狗作为人类的忠实伴侣也可能长达 3 万年。

大约 2 500 年前，古希腊哲学家开始思考人类和动物的本质关系。亚里士多德认为人与动物之间存在着根本的区别，这种区别主要体现在动物缺乏理性。这种观点至今仍根深蒂固地存在于大部分人的意识中，大部分人仍然认为只有人类拥有理性，动物只能遵循本能。

对动物行为进行实例验证和经验观察的最早案例可见于中世纪。13 世纪，被同时代人称为“世界惊奇”（Stupor mundi）的德国皇帝腓特烈二世撰写了《论用鸟狩猎的艺术》一书。这本书被认为是西方鸟类学的第一部科学著作，也可以说是行为生物学的第一本出版物。

在近代，康拉德·格斯纳（Konrad Gesner）、卡尔·冯·林奈（Carl von Linné）和让－巴蒂斯特·德·拉马克（Jean-Baptiste de Lamarck）等博物学家从16世纪起就开始对动物和植物进行研究，并将其系统化，包括那时欧洲人游历世界各地而发现的物种。这些记录涵盖了大量对动物行为的描述和思考，然而，学界普遍认为，直到19世纪中叶，行为生物学才初步成为一门科学学科。

与许多其他生物学分支学科一样，英国博物学家查尔斯·达尔文（Charles Darwin）可被视为行为生物学之父。他在1859年出版的《物种起源》一书中阐述了进化论的基本特征，我们今天仍然认为他的理论是正确的。达尔文从两个方面理解演化：一方面，物种随时间而变化，动植物并非一成不变，而是会在外观和行为上不断变化；另一方面，如今地球上存在的所有物种都有着共同的祖先。如果回到800万到1 000万年前，我们无法在地球上找到人类或黑猩猩，然而，当时确实存在过一种现已灭绝的猿类，人类与黑猩猩都是由这种猿类演化而来的。通过研究，达尔文不仅证明了进化的存在，还认识到了所有进化变化背后的驱动力——自然选择。

在生物学中，“自然选择”这一关键概念指的是什么？达尔文认识到所有生物都具有几乎无限的繁殖能力，因这种繁殖能力而产生的后代应远远多于亲代。然而，这种巨大的繁殖潜力并没有导致无限的繁殖；相反，种群的个体数量基本保持不变。这意味着大多数后代都会死亡，只有少数个体能存活到性成熟期，之后能繁衍后代的个体数量就更少了。因此，达尔文认为，为了生存和争夺稀缺资源（如食物、栖息地和配偶），种群中必然存在着激烈的竞争，即所谓的生存斗争。哪些动物能够存活并繁衍，哪些动物会灭亡，这绝不是偶然的事情。那些由于其遗传特征，而更能适应环境的个体，例如更容易找到食物和交配对象或更容易躲避捕食者的个体，比在这方面能力较弱的个体更有可能存活下来，并且有更高的繁殖成功率。使某些个体成功存活和繁殖的基因构成会成功遗传给后代，而导致个体灭亡的基因构成则会丢失。通过这种自然选择的过程，动物变得越来越适应环境。

在《物种起源》中，有一章专门论述了动物的行为。达尔文在其中指出：本能及其控制的行为，就像生物的其他特征一样，也会在自然选择的作用下发生改变，从而使生物更好地适应环境。因此，他预见了行为生态学的核心主题及当代行为学研究的重要领域——行为对生态条件的适应性。达尔文进一步描述了亲缘关系密切的物种在本能上的相似性，即使生活在世界上相距甚远的地方，它们之间仍有这种相似性。他以鸫属的鸟类为例：不管是生活在南美洲和欧洲，它们都用泥巴筑巢。与亲缘关系甚远的动物相比，亲缘关系相近的动物在其行为谱中显示出更多共同行为，这一事实在几十年后成为比较行为学研究的核心教条。

1872 年，达尔文出版了另一本书，《人和动物的感情表达》。在这本书中，他认为某些形式的面部表情，尤其是反映喜悦、悲伤或愤怒等基本情绪的面部表情，是独立于后天文化的——由此可以推断，这些面部表情是人类与生俱来所拥有的；此外，他还认为有的动物可能拥有与人类相似的情绪，并通过类似的面部表情表达出来。该书出版后很快成为畅销书，但它并没有在科学界流行起来，而且在此后的很长一段时间内几乎被遗忘。从 20 世纪 60 年代开始，伊瑞纳斯·艾伯－亚贝费特（Irenäus Eibl-Eibesfeldt）重温了达尔文的论述，并创立了人类行为学——一门行为生物学的分支学科，试图将情感理解为人类行为中的先天特征。事实上，亚贝费特在比较非洲、南美洲和亚洲不同群体的喜悦、悲伤或厌恶等情绪时，发现人类的面部表情存在普遍相似性。

在达尔文提出以上论述之后的一个多世纪里，动物的情感一直没有被当作行为生物学的研究课题——人类和动物拥有相同的情感这一论点长期被认为是政治不正确的。然而，在最近的十多年里，这种情况发生了根本性的变化。今天，情感是行为生物学研究的核心领域，也许在这种背景下，我们将经历达尔文有关“感情表达”的论述的复兴。

在达尔文之后的大约半个世纪里，大多数生物学家对动物行为并不特别感兴趣，系统学、生理学和发育生物学才是研究的重点。直到后来，通过康拉德·洛伦茨（Konrad Lorenz）、尼可拉斯·廷伯根和卡尔·冯·弗里希（Karl von Frisch）的著作，才形成了我们现在所说的行为生态学这个领域。

弗里希主要研究动物的感官感知：动物如何适应环境并相互交流。他第一个证明了：鱼能听到声音；蜜蜂能看到颜色，并且能借助太阳的方位来确定方向。弗里希主要因他在动物的交流方面的研究而被广大公众所熟知。他发现，当蜜蜂在侦察飞行中发现有价值的食物来源时，它会通过所谓的“摆尾舞”将食物的方位及距离告知蜂巢中的同伴。弗里希还是首位通过一系列逻辑上环环相扣的实验对动物行为进行研究的科学家。

虽然弗里希是行为生物学的关键人物，但康拉德·洛伦茨和尼可拉斯·廷伯根这两位志趣相投的研究员对行为生物学的形成产生了更大的影响。通过他们的研究，人们首次接受了行为可以像解剖学、形态学或生理学一样进行研究的观点，并将观察动物行为，确立为一种严肃的科学方法。

在一系列经典研究中，洛伦茨描述了各种鸭类的行为，并将其细化为被他称作“固定行为模式”的最小单位。他认为这些行为是与生俱来的，同一物种、同一年龄、同一性别的成员，都会表现出这些相对固定的行为模式，如北京的绿头鸭与柏林的绿头鸭的求偶行为是一样的。对绿头鸭、麻斑鸭、针尾鸭、琵嘴鸭、水凫、赤颈鸭、鸳鸯等不同物种的固定行为模式进行比较后发现，物种之间的亲缘关系越近，就拥有越多相同的固定行为模式。这些发现导致了比较行为学的诞生。

通过对鸭子和鹅的观察，洛伦茨还认识到，这些动物对自己的外貌没有与生俱来的认知，它们只能通过所谓的“印记”来学习辨认彼此。在孵化后不久的一个特定时间窗口内，雏鸟会专注于附近移动和发出声音的东西。在自然栖息地，通常是雏鸟的母鸟在其附近移动和发声，然后，雏鸟便学会跟随母鸟。然而，如果在这个阶段，在雏鸟附近移动并发声的不是母鸟，而是洛伦茨，那么雏鸟就会对他产生不可逆转的印记行为。如果以后雏鸟可以选择跟随母亲还是洛伦茨，它们还是会选择这位科学家。

洛伦茨还发展出了有关行为控制的重要模型。根据这一模型概念，动物所处环境中的关键刺激会激活释放机制，从而使动物执行相关的先天行为反应——这也是固定行为模式的另一个定义。廷伯根后来通过实验证明，这些行为模型对于许多动物来说都是正确的。例如，如果有竞争对手入侵刺鱼的领地，它就会本能地做出威胁行为。是什么导致了刺鱼表现出这种攻击行为呢？原来，入侵者腹部的红色下半部起到了关键的刺激作用。在实验中，一条腹部下侧不是红色的、栩栩如生的刺鱼模型不会引发任何攻击行为；而一块下半部分被涂成红色的木头，会导致刺鱼产生激烈的攻击行为，即使这块木头与刺鱼没有丝毫相似的地方。

长期以来，人们普遍认为动物的行为只是对环境刺激的反应。然而，洛伦茨认识到了本能动作的出现与条件反射的触发之间的根本区别。条件反射总是由相应的外部刺激引起的，例如，当一股气流冲击眼睛时，就会自动触发眨眼反射。

相比之下，本能动作绝不是像条件反射那样由关键刺激触发。本能动作是否出现，取决于本能动作发生前的历史。如果某个本能动作刚刚才出现过，那这个动作就会比很长时间没有出现过的本能动作更难被激活。这一现象很容易通过咬、咀嚼、吞食、吞咽等进食方面的本能解释：如果狗刚刚吃饱，再给它一根骨头并不会激活相关的本能动作；但如果狗已经很久没有进食，同样的一根骨头就会快速诱发本能行为的产生。几乎所有被研究的雄性动物都会有同样的情况：交配后，雄性动物与雌性动物进一步发生交配行为的动机会降低；而经过一段时间，同一只雌性动物会立即再次发起交配行为。由此可见，本能行为的出现不仅取决于环境刺激，还取决于动物的内部因素。

在行为生物学的早期，洛伦茨、廷伯根、弗里希和他们数量日益增多的学生研究了许多不同的动物，尤其是鸟类、鱼类和昆虫。令科学家着迷的是，这些动物似乎天生就知道什么行为是正确的，因此它们能够完美地适应自己的栖息地。例如，一只泥蜂天生就知道如何寻找猎物以及如何建造一个完美的巢穴，即使它没有与父母接触，也没有经过学习。与达尔文一样，行为生物学家称这种知识的来源为“本能”，认为本能是在进化过程中通过自然选择的作用形成的。

第一本行为生物学教科书的标题反映了人们对这一主题的热衷程度——廷伯根所著的《本能的研究》。该书于 1951 年首次出版。概括地说，行为生物学早期阶段的核心目标是理解本能，即与生俱来的行为。从今天的角度来看，我们并不认为当时提出的所有行为模型都是正确的，例如那些关于本能的层次结构，或环境刺激和内部因素的相互作用在引发本能行为中的作用的概念。但总而言之，洛伦茨、廷伯根和弗里希的杰出成就依然是不可否认的：通过他们，行为研究成为了一门独立的科学学科，并且极大地改变和塑造了动物行为的概念。由于这一成就，这 3 位研究者于 1973 年获得了诺贝尔奖。

直到今天，廷伯根都还在为行为生物学的进一步发展提供着方向。60 多年前，他在《论行为学的目标和方法》一文中确立了行为生物学的理论框架：从昆虫的社会组织到黑猩猩对工具的使用，再到鸟类的鸣唱，每一种行为现象都可以而且应该从行为机制、个体发育、功能和系统发育这 4 个不同的层面进行解释。

这意味着什么呢? 例如，雄性苍头燕雀的鸣叫主要有 4 种解释。第一种解释是春天日照时间的延长构成了一种环境刺激，当鸟类感受到这种刺激后，雄鸟的睾丸会分泌性激素睾酮。睾酮随血液进入大脑，激活某些神经冲动，从而指挥必要的肌肉进行鸣叫。这是一种从行为机制出发的解释。

这一行为还有第二种解释：苍头燕雀之所以会鸣叫，是因为它在学习鸣叫的敏感期从它父亲那里学会了这一行为。这是一种从个体发育方面出发的解释，个体发育指动物从受精卵经胚胎发生、出生后的生长发育直至个体死亡的全过程。

第三种解释是雄性苍头燕雀鸣叫，是为了吸引雌性并赶走竞争对手。这个解释与行为的功能有关——说明了该行为的目的，做出该行为的动物能够获取什么优势，这也是具备这种行为的动物比不具备这种行为的同类动物更能适应环境，并更能成功地将基因传给下一代的主要原因。

最后，这一行为还有第四种解释：苍头燕雀会鸣叫，是因为它属于鸟类中的鸣禽，其祖先便能鸣叫。这是一种从系统发育出发的解释，从行为的系统发生，也就是行为的演化历史的角度来解释这一行为。廷伯根想要传达的信息很明确：只有当我们了解了某种行为的机制和功能、它的个体发育和系统发育，以及这 4 个不同层面之间的关系时，我们才能真正理解动物的行为。如今，这一框架对行为生物学的意义比以往任何时候都显得更为重要。

事实上，在过去几十年中，廷伯根提出的有关动物行为学的问题，已在许多物种上得到研究。但在这一过程中，行为生物学分裂成了几个学科。令人遗憾的是，这些学科之间几乎没有关联。行为生态学和社会生物学侧重于研究行为的功能、适应性价值及其在演化过程中的发展，主要研究的问题是特定行为的功能及带来的优势，却忽视了行为的个体发育和背后的机制。行为内分泌学、行为神经生物学和行为遗传学等学科对行为的个体发育和背后的机制进行了研究，分别研究激素与行为、神经元与行为之间、基因与行为的联系，这些研究方向主要探究某种特定行为是如何产生的。然而，这些学科对行为的功能和演化几乎不感兴趣。每一个从行为生物学分裂出的学科都在动物行为方面取得了令人瞩目的研究成果，但到目前为止，很少有统一的结果，也很少有统一的研究成果改变我们对动物的概念。

本书的中心主题

上述问题也正是本书的重点所在。本书以行为生物学不同分支学科的基本研究成果为基础，展示过去几十年来科学界中“动物”概念的变化。这种变化得益于行为生物学早期未被列入议程的新课题的出现：动物是否会思考，动物是否有情感，动物是否有个性，以及“动物友好”究竟意味着什么。

此外，新方法能让我们重新审视旧问题。例如，通过对人类和动物基因组的解码，人们对行为实施过程中，基因和环境的相互作用有更好的理解。对哺乳动物（包括许多种类的猴子）的深入研究也极大地改变了人们对动物行为的看法。

总之，行为生物学各分支学科的研究结果表明：在动物的行为中，可以发现许多被视为典型的人类行为的特征、能力和规律。

在接下来的6章中，本书会介绍一些明显改变了我们印象中动物概念的行为生物学研究成果。最后一章是对动物在科学界的新概念的总结，并对"人类与其他动物究竟多相似"这一主题进行讨论。

首先，第二章论述了行为与压力之间的关系。导致人类和动物产生压力的社会环境有相同的特征，能有效减轻人类和动物压力的因素也非常相似。

第三章涉及动物的身心健康及其情感，并且提出了以下问题。我们可以使用哪些科学方法来确定动物的身心状况？它们在哪些条件下状况良好，在哪些条件下会出现问题？动物如何看待世界？我们对动物的情绪了解多少？"物种友好"或"动物友好型的生活"究竟意味着什么？

第四章讨论了一个多年来科学界和社会一直都关心的问题：行为在多大程度上由基因决定，在多大程度上由环境决定？该章节追溯了过去几十年来研究这一问题的方法和视角是如何发生巨大变化的，并且展示了现代行为遗传学是如何为老问题提供新答案的，最终革命性地认识到基因不仅影响行为，行为也会影响基因。

第五章介绍认知生物学的研究成果，主要涉及：动物如何学习？它们学习的内容包括什么？动物会思考吗？是否有动物拥有自我意识？我们的"亲戚"类人猿真的比其他动物更聪明吗？

第六章阐述了哺乳动物的行为发展是一个开放的过程，这一过程并不是在受孕、出生、幼年期结束时就已经注定的。哺乳动物的行为在还没出生时就已经受到了其母亲生活环境的影响，动物在童年和青少年时期的经历也会不断塑造其行为。这就是动物个性形成的过程，也是行为生物学的最新研究领域之一。

第七章探讨了社会生物学的核心发现：动物的行为显然不是为了物种的利益，与此相反，是所谓的“自私的基因”决定了它们的行为。如果合作行为有利于遗传物质的传递，那么它们就会这样做；但如果通过胁迫或攻击（甚至包括杀死同类）能更好地实现遗传物质的传递，那么动物就会表现出这种行为。

最后，第八章重申了有关动物概念的革命性结论：我们和动物走得更近了。动物身上的人的特点远比我们几年前设想的要多得多。

第二章

豚鼠埃米尔不喜欢独处

关于行为、压力和稳定的
社会关系带来的幸福

我是如何进入行为生物学领域的

20 世纪 70 年代中期，我开始在比勒菲尔德新成立的大学学习生物学。当时，我属于第一批学生，一共有 30~40 名学生，只有 3 位教授，其中一位是克劳斯 · 伊梅尔曼。他是首位在德国的动物行为学研究领域被任命的大学教授，他的目标是让比勒菲尔德成为行为生物学研究和教学的“灯塔”。

实际上，他在很短的时间内就在这方面取得了成功。即使从国际上来看，他所在系的设施也是一流的。校园里有各种雀科鸟类、鹦鹉、鹅、狨猴、袋鼠、鹿和啮齿动物，它们都生活在宽敞的室内和室外围栏中。那时，动物行为学研究的奠基人洛伦茨、廷伯根和弗里希刚刚获得诺贝尔奖，即使身处威斯特伐利亚东部的偏僻地区，我们仍充满了乐观向上的精神。

对于我们这些学生来说，第一学期的重头戏绝对是克劳斯 · 伊梅尔曼的“动物行为研究导论”系列讲座。据说他在家里对着镜子练习讲课，然后再到讲堂上讲。不管这是否属实，他都是一位才华横溢的演讲者，他的演讲字字珠玑，使所有听众都为之着迷。在系列讲座中，他介绍了当时行为生物学的最新进展，几乎所有的主题都令我们着迷。不过，有一个主题最吸引我——针对人类和动物的密度应激的研究。

这项研究的目的是发现某些似乎同样适用于人类和其他哺乳动物的一般规律。我在研究中了解到：如果种群中的个体数量持续增加，可用空间因此变得越来越少，应激症状就会自动出现，并反映在行为、生理、繁殖和健康状况上。对小鼠、大鼠和兔子的研究表明，当种群密度增加时，动物会变得更具攻击性，而且母鼠对幼鼠的照顾会越来越少。与此同时，应激激素的分泌也会增加，从而导致健康问题，甚至死亡。与此同时，种群还会出现繁殖障碍，使出生率大大降低，最终导致整个种群面临崩溃。伊梅尔曼还提到了对人类的类似研究，其结果与前述的非常相似，例如当城市的卫星城镇的居民数量不断增加时，就会出现以上过程。

我获得了介绍这些研究的原始文章，并开始涉及这一领域。很快，我就萌生了自己进行研究的想法。因此，我想出一个主意：伊梅尔曼教授的教研室里饲养着许多豚鼠，但文献中还没有关于种群中个体密度增加如何导致行为变化的记载。那么，我为什么不去研究一下这些豚鼠的密度应激现象呢？幸运的是，同样也是比勒菲尔德行为研究系教授的休伯特·亨德里希斯允许我与同学在第五学期开始研究这个课题。

首先，我们把几只雄性和雌性豚鼠放在一个有半遮盖的室外围栏里。我们始终提供足够的水和食物，还定期给它们喂食苹果、胡萝卜和干草。不出所料，豚鼠繁殖得非常快，大约一年后，围栏里就有了50多只豚鼠。然而，让我们感到困惑的是，这些豚鼠的行为完全不符合那时发表的文献中的描述。我们主观地认为这群豚鼠的数量越多，它们就感觉越舒适，并没有任何应激反应或攻击性行为加剧的迹象。

我不禁自问，与之前研究过的物种相比，豚鼠有什么不同之处？为什么它们似乎可以毫不费力地应对如此高的种群密度？为什么它们没有展现出任何密度应激现象？这些问题把我带入了行为生物学的核心，同时也带来了我作为研究人员时面临的第一个科学课题。

豚鼠的社会智力

我的博士论文给出了答案：豚鼠具有发展两种不同社会组织形式的惊人能力。它们在种群密度较低的情况下组织社会关系的方式，与它们在种群密度较高的情况下组织社会关系的方式完全不同。通过这种转变，它们避免了通常与动物数量增加相关的密度应激。接下来，让我们仔细看看它们社会发展的过程。

如果将少量豚鼠引入围栏，例如3只雄性和3只雌性，最初雄性之间会出现威胁和争斗行为，不过，过不了多久，它们之间就会形成一种力量平衡，并建立起线性支配等级制度。从这时开始，可以在数周或数月内观察到这种情况：每当等级最高的动物接近等级排行第二或等级最低的动物时，后二者都会尽可能回避；每当等级排行第二的动物过于接近等级最低的动物时，后者就会迅速躲开。因此，大多数冲突都不会升级，威胁行为便很少出现，争斗行为也几乎从来不发生。

由于其支配地位，处于最高等级的雄性可以优先获得重要资源。它占据最好的住处，并比竞争对手更频繁地向雌性动物进行求偶行为和交配行为。如果遇到任何怀着交配意图的对手接近雌性，它们会立即展开攻击。因此，等级最高的雄性通常也是这个群体中后代的父亲。

在这样的群体中，雌性的行为虽远远不如雄性那样引人注目，但它们之间也形成了长期的线性支配等级制度。不过，这种等级制度仅以某只雌性经常避开另一只雌性的形式表现出来。雌性是否成功繁殖，并不像雄性那样由它们在等级制度中的地位决定。所有雌性都会定期产下幼崽，这些幼崽长大并达到性成熟期后，就会融入现有的成年雄性和雌性的支配等级制度中。

当达到性成熟期的成员数量增加到十几只或更多时，社会组织结构会在大约 4 周内发生转变。这时，雄性的线性支配等级制度被更为复杂的社会模式所取代。对由最多 50 只豚鼠组成的群体进行的研究表明，整个群体会分裂成多个稳定的亚群，每个亚群由 1~5 只雄性和 1~7 只雌性组成。

各亚群都会选择栖息地的一部分作为自己的驻留地，它们会在那里休憩。每个亚群中的雄性都会按照线性支配等级制度组织小群体，每个亚群中排名最高的雄性则为首领。首领与亚群中的雌性有着牢固的社会关系，这种关系可以持续数年。首领几乎只照顾这些雌性，只有在它们面前才会跳起“伦巴舞”——豚鼠典型的求偶仪式。尤其是在繁殖季节，首领会守护其亚群中的雌性，并且它几乎是亚群中所有后代的父亲。

有一种非常奇妙的机制调节着不同亚群首领之间的关系：各亚群首领互相承认并尊重对方与各自群体的雌性的关系，并忽略其他亚群中的雌性。即使有些雌性动物已经准备好交配，而且离它们很近，只要不是自己亚群中的雌性，首领就会对其不理不睬。地位较低的非首领雄性也主要与其亚群中的雌性动物有所接触。然而，一旦它们开始激烈的求偶行为，就会立即受到急忙冲上来的首领雄性的攻击。

尽管如此，非首领的雄性通过长期求偶行为，与首领的雌性建立关系是值得的，因为从长远来看，这是通往首领地位的必经之路——不管是因为前任首领变老变弱，不再能够捍卫它的所有雌性，还是因为某只雌性动物突然抛下首领，选择了一只非首领雄性动物，从而使后者在几天之内变成了新首领。令人惊讶的是，在个体数量较多的情况下，雄性不是通过互相争夺，而是通过与个别雌性建立关系并长期维护这种关系来获得首领地位的。

在动物数量较多的情况下，雌性也会以非常和谐的方式排列自己：与雄性一样，它们也会在自己的亚群中形成线性支配等级。雌性之间从来不会出现争斗行为，轻微的威胁行为也极少出现。通常，雌性动物更喜欢处于首领地位的雄性，并与它们形成社会联系。不过，也可以观察到个别雌性喜欢较低级别的非首领雄性。

综上所述，由大量个体组成的豚鼠社会有3个特点：第一个特点是社会和空间定位被简化，无论该群体拥有20只、50只，还是更多的成员，通过形成持久的关系，并将群体分割成稳定的亚群，每只动物的社会生活都是在一个清晰可控的社会单元中进行的。第二个特点是相对和平地共同生活，因为各亚群的首领互相尊重对方的社会关系，所以每个群体中最强壮的雄性不会争夺同一只雌性，如此，冲突不会升级，事实上也几乎不会发生打斗。第三个特点是高度的社会稳定性，每只动物的地位在数月内保持不变，而且社会结构的基本模式是独立于动物个体的。

在小型群体中，雄性动物的线性支配等级制度尤为明显，而在大型群体中，其社会结构则复杂得多。从一种社会组织形式到另一种社会组织形式的转变，使豚鼠能够完美地适应日益增长的种群密度。这是因为即使在大型群体中，豚鼠的社会生活也具有社会定位明确、攻击性小和社会稳定性高的特点。正是这种完美的社会组织能力使豚鼠即使在大型群体中也能保持平静和放松，并且使其应激水平保持在一个正常范围内。

激素的作用

回想起来，这事情还真是挺碰巧：恰好在我们解密了豚鼠的社会组织之转变的那段时间，与伊梅尔曼教授同部门的科学家艾克哈德·普罗夫（Ekkehard Pröve）在美国的一处实验室里也学到了一种全新的激素测定方法，并把它带到了比勒菲尔德。这种方法的特殊之处在于，只需要少量的血液，就可以分析血液中包括皮质醇在内的激素浓度。

压力会导致肾上腺皮质分泌皮质醇。原则上，这是生物体为了应对各种压力而做出的合理反应。皮质醇会在人类和其他哺乳动物体内触发各种反应，为身体提供能量并增强抵抗力，使生物体能够适应压力。然而，如果这种激素长期过度释放，最终会引发一系列灾难性的后果，如削弱免疫系统，增加疾病的易感性，在最严重的情况下，还可能导致身体机能完全崩溃，甚至死亡。由于皮质醇如同肾上腺素一样，会在应激状态下被释放出来，因此这种激素也被称为应激激素。

只需几滴血就能测定激素的新技术为我们提供了一个绝佳的机会，使我们可以将对豚鼠的观察和应激激素的研究结合起来，从而回答有关行为和压力之间关系的基本问题：社会组织架构和压力之间是否存在关系？社会地位和压力之间是否有联系？处于支配地位的个体是否比处于劣势地位的压力更小？社会经历是否会影响动物的行为和应激反应？亲密伴侣的存在是否可以减轻压力？

然而，在开始研究之前，我们遇到了一个问题：如何才能从豚鼠身上获取血液样本？在询问兽医后，我们得到了答案：常用的方法是心脏或眼窦穿刺，也就是将针头直接插入胸部心脏或眼部血管。但我们绝对不会考虑使用这种方法，因为这相当于一次重大手术。如果我们使用这种方法从首领身上采集血样，那它就很难维持它的地位了。

一位护理人员提供了解决方案，他建议我们采用他曾在病人身上用过的方法：在耳垂和血管上涂一点促进血液循环的药膏，然后用针头进行短时间穿刺。事实上，即使不涂药膏，也同样可以从豚鼠身上采集血液。如今在全世界范围内，这种从豚鼠体内获取少量血液的方法已被广泛接受。

关于行为与压力之间的关联的研究，进一步证实了我们之前仅从行为研究中得出的结论：在密闭空间内并且有众多成员的大型群体中生活，似乎不会对豚鼠造成很大的压力。平均而言，生活在高种群密度下的豚鼠，其皮质醇水平并不高于分成小群体或一雄一雌成对饲养的豚鼠。

有趣的是，社会地位高和社会地位低的个体的应激激素浓度也没有差别。虽然社会地位低的豚鼠总是不得不让位于处于优势地位的豚鼠，但它们的压力显然并不比处于首领地位的雄性豚鼠更大。

由此可见，较低的社会地位并不一定意味着身处此地位的个体会比处于优势地位的个体承受更大的生理或心理压力。

不过，这个结论的前提是每个个体之间的社会关系必须是明确的。如果尚未建立明确的等级，围栏内不断有摩擦产生，豚鼠的压力就会增加。例如，如果某只非首领雄性个体试图推翻它所在亚群的首领，双方都会表现出强烈的应激反应，直到首领地位再次得以确定。一旦双方都重新找到了它们能够接受的社会地位，就能再次过上没有压力的生活，而且这两只动物的皮质醇水平都会恢复正常。无论是首领通过斗争稳定了它的地位，还是支配等级发生了变化，都会如此。这一发现的主要原因是，明确的社会关系会使所有群体成员的行为是可预测的。

但问题仍然存在：为什么豚鼠与许多其他动物截然不同，可以长期发展出这种稳定的社会关系？为什么它们能够形成如此出色的社会组织？

起初我们认为："这其实是很容易理解的，因为它们是家养动物，而不是野生动物。在驯化的过程中，它们是朝着和平相处的目标方向被培育出来的。"事实证明，把家养动物与其野生祖先进行比较就能发现——无论是狗与狼，家猫与野猫，家养马与野马，还是家养豚鼠与野生豚鼠，家养动物和平相处的能力要好得多，攻击性也要小得多。但当我们发现，仅凭这样的解释还不够时，感到非常惊讶：豚鼠在它的一生中必须有特定的社会经历，才能学会与同类包容、无压力地相处。

这一点在成年雄性试图融入陌生社会群体时尤为明显，只有在较大的雌雄混居群体中长大的豚鼠，才能顺利地与种群成员和谐相处。在大种群中长大的雄性豚鼠在来到陌生群体的第一天，就开始探索新环境，并通过嗅闻来了解群体中的成员。它们没有攻击任何雄性，也没有向雌性展示求偶行为。接下来的几天里，在没有任何重大冲突的情况下，它们融入了新群体的社会结构，有的雄性的社会地位甚至会高于它在原群体中的地位。在这一融合阶段，对皮质醇的测量显示，无论是在最初的几个小时还是在随后的几天里，它们的皮质醇水平都没有上升，这些豚鼠的体重也没有减轻。这一实验结果表明，它们能够顺利融入一个完全陌生的同类社会群体，而不会产生应激反应。

单独长大或仅与一只雌性一起长大的雄性则截然不同。一旦在新的群体遇到雌性，它们就会对其展开猛烈的求偶行为；一旦遇到雄性，它们就会发起攻击。不过，在一天的时间里，它们就被该群体的首领打败，退到围栏的一角，从此避免与其他雄性接触，其他雄性也不再接近它们。这些新来者出现了强烈的应激反应：其皮质醇水平在前 5 小时内上升了近 3 倍，直到 3 周后才恢复正常；与此同时，到第三天，这些新来者的体重下降了约 10%。

许多研究都对这些差异化的行为和应激反应背后的原因进行了探究。正如将在第六章中详细讨论的那样，研究结果表明，社会经历在青春期这一幼年与成年之间的过渡阶段，起着至关重要的作用。在这个年龄段，处于青少年时期的雄性必须在与年长的、处于优势地位的同类打交道的过程中，学会在没有压力或攻击性的前提下与陌生个体共同相处。

有趣的是，同样的发现并不适用于雌性豚鼠。即使以前从未有过相关的社会经历，它们也能顺利地与陌生的同类相处。

最后，在以下这项已成为经典的研究中，我们认识到亲密社会伴侣的存在能有效地缓解豚鼠身上的急性应激反应。豚鼠埃米尔是一个大型豚鼠群体中的雄性首领。当我们把它带出群体，单独放在一个对它来说陌生的围栏里时，它很快就出现了应激反应——就像所有哺乳动物在新环境中的反应一样，在 1~2 小时内，它血液中的皮质醇水平上升了大约 80%。几小时后，激素水平恢复到初始水平，我们将埃米尔送回了它原来的群体。

一周后，我们再次将埃米尔安置在陌生的围栏里，但这次它是和原来的群体里的不同亚群的雌性在一起的。这一次，它的皮质醇甚至与上次相比上升得更多一些。一周后，当埃米尔在陌生的围栏中遇到一只完全陌生的雌性时，它的皮质醇水平上升得更厉害。

然而，当它在陌生的围栏中发现自己原来的亚群中最喜欢的雌性时，它的反应就明显不同了。在这种情况下，其皮质醇浓度的升高幅度远远不及所有其他试验情况。由此可见，亲密伴侣的存在可以有效缓解急性应激情况下的激素应激反应。

我们不仅在埃米尔身上，在随后接受测试的所有雄性身上，也观察到这种现象。顺便一提，雌性也是如此：如果雄性亲密伴侣在场，它们在受到刺激时出现的应激反应就会小得多。总之，这些研究表明，豚鼠能从亲密伴侣身上获得益处。在新的生活环境中，如果有亲密伴侣在场，豚鼠的应激反应程度就会明显降低。

哪些因素会导致压力，哪些因素会缓解压力

到目前为止，我们所讨论的研究都是针对豚鼠进行的。这些研究历时多年，因此豚鼠是如今在社会环境、行为和压力之间的关系方面被研究得最彻底的哺乳动物之一。事实上，在行为生物学中，豚鼠被用作研究这一主题的模型系统。我们也就这些问题以及类似问题，针对生活在自然栖息地和在人类饲养情况下的其他哺乳动物，进行了深入研究。通过综合分析所有研究结果，我们明确发现了适用于所有哺乳动物的规律。下文将讨论社会环境对行为和压力的普遍影响，首先将重点讨论哪些社会条件会产生压力，然后回答哪些因素可以缓解压力。

所有在自然栖息地群居的哺乳动物都倾向于形成支配关系，没有任何社会分层的完全平等的社会显然是不存在的，即使是那些天生倾向于社会宽容、合作和友好关系的物种也是如此，如非洲野犬和倭黑猩猩。

当社会关系明确时，就会出现一个稳定的社会体系，这个体系对所有个体都有利，无论它们的社会地位如何。这是因为，在稳定并且支配关系明确、稳定的社会体系中，所有个体都可以过得很好。在这样的社会体系中，无论是社会地位低，或动物数量多，都不一定会导致压力。针对各种哺乳动物的无数研究都证明了这一点，但这是为什么呢?

现代压力研究中的一个重要观点是，如果可以控制或者预测某些行为的负面后果，那么这些行为造成的不良影响就会小得多。在关系明确的稳定社会环境中，地位高的个体由于其优势地位，可以控制大部分社会互动。例如，如果低等级个体靠近高等级个体，通常一个简短的威胁就足够使低等级个体退避三舍；反之，社会地位较低的个体也会因经验而知道遇到其他群体成员时会发生什么，它们可以预测对方会采取什么行动。因此，所有动物都会产生心理上的预期，例如："如果我占优势，对方就会避开。如果对方占优势，我避开就不会有事。"或者"如果一只雄性带着交配意图接近我的雌性，我会攻击对手；如果我向陌生的雌性求爱，相应的雄性就会攻击我。"还有"如果我不发出任何求偶信号，我将可以继续与其他成员和平相处。"

只要这些预期不被破坏，个体就可以预测日常的社会生活，所有的动物也都会过得很好。虽然地位高的动物由于其优势地位，可以额外控制社会互动，但这并不一定会导致它们所受到的社会压力更小。更确切地说，社会互动的可预测性似乎是动物在稳定的社会系统中保持良好状态的必要条件。

然而，在社会不稳定和支配关系尚未得以确定的情况下，群体的状态就完全不同了。这种充满不可预知性的社会互动会对动物的健康造成负面影响，引发动物产生强烈的应激反应，最终可能导致疾病甚至死亡。因此，关键问题是什么因素导致了社会不稳定，以及为什么有些动物无法与其他同类形成稳定的社会关系。

社会不稳定的破坏性影响

在动物的自然栖息地，社会不稳定的现象尤其发生在繁殖季节，而且通常伴随着高度的社会压力。例如，每年都能在马鹿身上观察到这种情况。在一年中的大部分时间里，雄鹿在所谓的"单身汉群体”中相安无事地生活在一起。但在发情季节，雄鹿之间会变得水火不容，并会通过吼叫竞赛与炫耀行为来争夺雌鹿。如果无法确定哪只动物是占优势的一方，最后就会出现打斗行为。这种争斗伴随着强烈的激素应激反应，雄鹿的体重最多会减少约 20%，再加上雄鹿在打斗中可能受到的伤害，个体死亡的情况并不少见。

野兔也有非常类似的相关描述。几年前，人们在叙尔特岛对大型野兔种群进行了研究，研究时间包括：3 月，野兔繁殖期开始之时，此时野兔的攻击性最强；10—11 月交配季节结束之后，其间，处于繁殖期的雄性和雌性动物也表现出强烈的应激激素释放现象。

澳大利亚生物科学家阿德里安·布拉德利（Adrian Bradley）和他的研究小组在一种有袋类小鼠身上也发现了交配季节的社会不稳定现象，其社会的不稳定性是我们已知最具破坏性的。这种有袋类动物主要生活在澳大利亚东部的森林中，其繁殖期在澳大利亚的冬季，为期 2 周。在繁殖期之前，种群中雄性和雌性的数量大致相等；但在繁殖期后，种群中只剩下了雌性，雄性在交配季节后几乎全部死亡，是怀孕的雌性负责保证种群的生存。

让我们仔细看看这个过程：经过大约 4 周的妊娠期后，雌性有袋类小鼠会在开春时产下幼崽并哺育它们。断奶后，雄性后代被驱逐，剩下的成员开始在共享的巢穴中和平生活。但在成长到性成熟后，它们变得互不相容，从而建立起各自单独生活的领地，并且会捍卫其领地的边界。到目前为止，这是一个秩序井然、稳定的社会体系，有明确的社会规则。

然而，随着交配季节的到来，领地的边界也被打乱了。从这时起，雄性几乎只与雌性交配，并与其他雄性争斗。针对应激激素的调查显示，其应激激素水平在这期间极度升高，同时再加上大幅升高的性激素，免疫系统被严重削弱。这样，生物体就无法抵御病原体的侵袭，从而导致雄性会在很短的时间内死亡。然而，如果人们在交配季节开始前，从自然种群中捕获雄性，并将它们安置在围栏中，使其避免受到社会不稳定的影响，那么就不会出现应激反应，这些雄性也可以存活数年。由此可见，这并不是从基因层面上预先设定的死亡。更确切地说，这种成年雄性有袋类小鼠的死亡是交配季节时的社会活动造成的。

也许有人会问：为什么这些动物会把自己暴露在这种压力下？为什么上述的雄性有袋类小鼠不告诫自己“为了没有压力的长寿生活，我应远离交配活动”？能如此告诫自己的动物确实可以活到很老，并享有很好的身心健康。然而这种行为模式在演化上并不稳定，因为会因时常远离交配，而减少了将自己的基因传给下一代的机会。只有那些将所有精力都投入到繁殖中的同类才有更高的概率将自己的基因传给后代，即使这些活动会带来极大的压力和短暂的寿命。因此，这种有袋类小鼠的下一代只能由携带这种自我毁灭行为基因的雄性组成。

即使是受人类照顾的动物，也经常面临社会不稳定的情况，尤其是当群体组成不断变化时。在这种情况下，持久的支配关系和社会关系也无法形成，攻击性行为会增加。我们在家养动物、实验室动物、农场动物和动物园动物身上都能观察到这种现象。这种情况出现时，总是伴随着应激激素的大量释放，长期如此终会导致健康损害。值得注意的是，处于优势地位的动物往往比处于劣势地位的动物受到的影响更大，因为它们必须一次又一次地积极获取并重申自己的高等地位。

由杰伊·卡普兰（Jay Kaplan）领导的美国研究小组对食蟹猕猴进行的一项研究清楚地显示了这些情况。食蟹猕猴生活在东南亚的森林中，由几只成年雄性和雌性组成一个群体，它们会形成性别隔离的统治等级制度与稳定的社会关系。即使在人类饲养的情况下，它们也以同样的方式生活，并在稳定的社会环境下表现出良好的健康状态。即使喂食胆固醇含量高的食物，它们的健康也不会受到负面影响。这令人惊讶，因为胆固醇被认为是人类罹患心血管疾病的主导因素，而且兽医很早就知道食蟹猕猴特别容易患上这种疾病。

然而，如果由于先前在群体中的动物一再被赶走，又不断有新的动物加入，从而发生社会不稳定的情况，处于优势地位的雄性的应激反应就会加剧。在这种情况下，含有大量胆固醇的食物很快就会导致社会地位高的雄性患上心血管疾病。由此可见，虽然高胆固醇本身不会对动物的健康造成负面影响，但胆固醇和社会不稳定性的共同作用会对生命构成巨大风险，尤其是对社会等级较高的动物而言。

为何有些动物不能没有压力地生活在一起

当两只陌生的雄性动物相遇时，往往会发生激烈的冲突，并伴随应激激素水平的急剧上升。两只动物随后是否会形成稳定的支配关系，发展出和平共处的能力，并且让应激反应消退？或者两只动物是否始终无法友好相处，并且其中至少有一只动物的应激水平会长期居高不下？这些问题的答案在很大程度上取决于两个因素：一是动物在生活中获得的社会经历，二是该动物的典型社会组织形态。

关于社会经历，我们在豚鼠的案例中，了解到社会化不仅会影响动物的社会行为，还会影响它们的健康状况和应激反应。令人倍感惊奇的是，两只彼此完全陌生的雄性豚鼠，只要它们拥有在大型雌雄混居群体中所获取的社会化经历，就能在初次见面时毫无压力地相处，并且没有任何攻击性。另外，如果这两只动物在社会化过程中缺乏年长的、处于优势地位的雄性参与，则会在接触陌生雄性时表现出高度的攻击性、持续的互不相容和极端的应激反应。

有关个体经历、攻击性和应激反应之间关系的类似规律，很可能适用于几乎所有生活在其自然栖息地，并且身处由数只雄性和雌性组成的群体中的哺乳动物。与外来同种动物的相遇并不一定会导致这些动物产生攻击性和应激反应。和平相处和无压力共处的规则是可以学习的。

但是，对喜欢独来独往的物种来说，情况就不同了。例如，田鼠在其自然栖息地中独自生活，并保卫自己的领地。所以将两只成年田鼠放在一起由人类照顾，并不是一个好主意。它们不会和睦相处，而且双方都会处于非常大的压力下。这种反应在许多社会组织形式为独居和具有领地性的物种中都可被观测到。

即使是在自然栖息地成对生活的哺乳动物，同性动物相遇时通常也不会毫无压力地共处。拜罗伊特大学的动物学家迪特里希·冯·霍尔斯特和他的团队在这方面对树鼩进行了深入的研究。

虽然它们的名字中带有“鼠”，但树鼩并不是啮齿动物，而是哺乳动物中的另一个独立类群，与猴子关系密切。在形态上，它们与松鼠有几分相似。但是，它们的头是尖的，嘴上有锋利的牙齿。树鼩成对生活在东南亚的热带和亚热带森林中，拥有自己的领地，并且会为了保护自己的领地激烈地抵御其他同类的入侵。如果将两只互不相识的雄性树鼩放在一个陌生的、设有几个用于休息和睡觉的盒子以及各种喂食和饮水处的围栏里，它们首先会探索新环境。

在接下来的几小时内，它们就会开始打斗，并在1~3日内分出胜负。正如预期的那样，在这一初始阶段，这两只动物都会释放出大量应激激素，心率也会明显加快。当支配关系得以确定之后，处于优势地位的动物几乎不再理会处于劣势的那一方，攻击性对抗也变得非常少见，或者完全不再出现。最后，处于优势地位的动物的应激水平又恢复到了最初水平。

然而，对于失败者来说，情况则完全不同。根据它们的行为，可以将它们分为两种不同的类型，这两种类型对自身困境的反应完全不同。一种类型的失败者会爬到围栏的角落或躲进睡觉的盒子里，只在匆忙吃喝时才离开盒子。它们缺乏主动性，忽视毛发梳理，显得无精打采和沮丧。这种行为模式在人类和动物中被称为“被动型应对”，伴随着极高的皮质醇水平，会在短时间内严重削弱免疫系统。

另一种类型的失败者的反应几乎与前者相反：它过于活跃，一直处于忙碌状态，长期观察着处于优势地位的动物，并总是试图躲开它。如果无法成功躲避，它就会不顾自己的劣势地位，积极捍卫自己。这种模式被称为“主动型应对”，伴随着肾上腺素和去甲肾上腺素等的大量释放，心率也会持续加快。

因此，当两只同性树鼩相遇时，它们不会无压力地共存。胜利者和失败者的区别意味着，占优势的一方可以没有压力地生活，而另一方面，失败者则会处于进退两难的状态：它们只能以长期的主动或被动的状态进行应对。

然而，我们不能因为树鼩的案例而得出普遍结论，认为占优势地位的动物总是可以过上没有压力的生活。在食蟹猕猴的案例中，我们看到了在社会不稳定的情况下，社会地位高的动物会出现特别强烈的应激反应。而在豚鼠的案例中，当社会关系不明确时，首领雄性的应激激素也会升高。因此，决定社会压力是否增加的关键因素，并不是动物的社会地位本身，而是与社会地位相关的行为。

以树鼩为例，胜利者不理会失败者，因此胜利者的生活没有压力。但在许多猴类社会以及在小鼠群体中，地位最高的雄性一直忙于通过威胁行为来重申支配关系，或忙着保护雌性与领地。这些雄性猴类看起来就像长期处于应激紧张状态的管理者，并承受高水平的压力。这种情况被生物学家称为“支配代价”。根据在小鼠群体中进行的深入研究表明，从长远来看，这种代价与血压升高和其他心血管疾病有关。

幸福源于良好的社会关系

多年来，研究主要集中在确定哪些情况会导致压力。然而，渐渐地，人们更多地提出的问题是哪些因素可以缓解压力。在豚鼠身上，我们已经找到了一个重要的因素。在压力状态下，固定伴侣的存在可以减轻应激反应。这一发现不仅适用于豚鼠。确切地说，在存在良好社会关系的前提下，同类动物之间的亲密关系通常被证明是抵御压力的最佳方法之一。

在几乎所有哺乳动物身上，我们都能发现母子之间紧密的社会关系，尤其是在幼崽哺乳期间。在这一阶段，母亲的重要性不仅在于为后代提供乳汁、温暖和保护，还在于它知道如何在情绪激动的情况下降低后代的压力水平。无论我们观察的是豚鼠、恒河猴、松鼠猴还是人类，都是如此：当幼崽突然发现自己独自处于新环境中时，其皮质醇会迅速升高；然而，如果母亲在同样的环境中给予陪伴，幼崽则通常不会出现应激反应。有趣的是，非人类哺乳动物中，最能缓解幼崽的应激反应的一方并不总是母亲，例如，在暗色伶猴中，父亲可以更有效地做到这一点。

如果将松鼠猴和暗色伶猴进行比较，就会明白为什么较善于缓解幼崽应激反应的一方有时是母亲，有时是父亲。这两种猴子都属于新大陆猴类，生活在南美洲的森林中，在体型和食物方面几乎没有区别。然而，它们的社会组织方式完全不同：松鼠猴生活在大型的、四处游荡的雌雄混居群体中，雄性倾向于与雄性打交道，雌性倾向于与雌性打交道。而暗色伶猴则是长期单偶制，它们成双成对地与其后代一起生活在领地内，会极力捍卫其领地，抵御其他同类，一旦幼崽完全长大，它们就必须离开父母的领地。

这些不同的生活方式对亲子关系有着明显的影响。以松鼠猴为例，幼崽和母亲之间形成了紧密的情感纽带，而父亲和后代之间几乎没有任何接触。因此，在这个物种中，母亲比父亲能更好地缓解后代的压力水平也就不足为奇了。

相比之下，暗色伶猴和许多其他成对生活的物种一样，父母双方都参与抚养幼崽。不过，主要的照顾工作由父亲承担。父亲负责照看幼崽，并且通常只在哺乳时把幼崽交给母亲。因此，父亲和后代之间的关系比母亲和后代之间的关系要紧密得多，理所当然，父亲能够更好地减轻幼崽的压力。由此得出的普遍规律是，社会关系越密切的成员，其能提供对抗压力的保护就越有效。

这条规则也适用于成年动物之间的关系——我们已经在豚鼠埃米尔身上看到了这一事实。加利福尼亚心理学家萨利·门多萨（Sally Mendoza）和威廉·梅森（William Mason）在针对松鼠猴和暗色伶猴的令人印象深刻的比较中也证实了这一点。

单偶制的暗色伶猴中，伴侣之间存在着紧密的情感纽带。在有压力的情况下，伴侣的存在会使两只动物的压力保持在较低水平。相反，失去伴侣则会导致强烈的应激反应。

松鼠猴的社会中，雌雄之间并不存在这种情感纽带。即使在被人类成对饲养的情况下，它们也不会形成这种情感纽带。因此，即使一雌一雄的松鼠猴曾经长期生活在一起，分离也不会导致它们产生任何应激反应。在压力情况下，这些动物也就无法通过对方的存在而减轻彼此的应激反应。

并非只有异性伴侣才能提供抵御压力的保护。同性的社会伴侣也能起到同样良好的压力缓解作用。例如，在许多猴类中，雌猴会融入由近亲同类组成的社会网络，并与其他雌猴形成紧密的社会关系。事实也一再证明：社会纽带越牢固，社会网络越紧密，生物体受到压力源影响时的应激反应就越低。

雄性之间的社会关系也可以有效缓解压力。由朱莉娅·奥斯特纳（Julia Ostner）和奥利弗·舒尔克（Oliver Schülke）领导的团队对地中海猕猴的研究就很好地证明了这一点。这些动物生活在由几只雄性和雌性组成的群体中。虽然雄性之间存在着强烈的竞争，甚至会为了争夺雌性而展开激烈的争斗，但是雄性地中海猕猴也会与其他几只雄性建立密切的社会关系，其表现为空间上的邻近性，频繁的身体接触和相互拥抱。这种关系被比作人类的友谊，可以有效地缓解日常生活的压力。在摩洛哥阿特拉斯山脉的地中海猕猴自然栖息地，它们的压力主要来自同类的攻击和低温环境，因为那里非常寒冷。这两种压力源都会导致应激激素的持续释放。有趣的是，与其他雄性的友谊越深厚，雄性地中海猕猴对社会和天气压力的应激反应就越轻微。

最令人印象深刻的有关于良好的社会关系与幸福的研究成果来自对树鼩的研究。我们之前已经听说过，这些动物在其自然栖息地中是成对生活的。然而，当雌性与雄性树鼩在人工饲养环境下第一次相遇时，在大多数情况下它们并不能形成和谐的一对。有时，它们甚至会激烈争斗，以至于不得不将它们分开。通常情况下，它们可以共存，但两只动物之间的关系高度紧张，表现为相互回避和偶尔进行打斗。

然而，在大约 20% 的配对中，会出现完全不同的情况：这些动物一见面就喜欢彼此，从一开始就友好互动，因此给观察者的印象是"一见钟情"。这些树鼩会互相舔舐对方的嘴，一直紧紧地贴在一起，休息时也保持着身体接触。晚上，它们总是睡在同一个盒子里，而相处不和谐的配对动物从来不会这样。如果我们比较不同配对动物的压力水平，就会发现一个明显的区别：相处和谐的配对动物的压力水平大大降低，因此，它们的免疫系统要比相处不和谐的配对成员明显好得多，心率也长期保持在较低水平。我的导师迪特里希·冯·霍尔斯特曾经在他关于树鼩的讲座中说过："爱是动物最好的良药。"

结论

本章介绍了社会环境对哺乳动物行为和压力水平的重要性。我们看到，社会互动对动物既有正面影响，也有负面影响。如果动物被纳入一个稳定的社会体系，并且每个个体都明白且接受自己的社会地位，那么无论是较低的社会地位，还是较高的种群密度都不会导致压力增加。然而，在社会不稳定和社会关系不明确的情况下，就会出现强烈的应激反应，严重损害健康。能否建立稳定的关系，在很大程度上取决于每个物种的社会组织架构。此外，个体所拥有的社会经历也具有决定性的意义。事实证明，融入社会网络，以及与固定社会伴侣建立良好的关系，对缓解压力尤其有效。

第三章

猫咪玩的时候最健康

关于动物的情感和身心健康，
以及动物友好型生活

情感与身心健康：行为生物学中长期被忽视的主题

媒体几乎每天都在对“动物福利”这一主题进行报道，因为在如今社会，越来越多的有关动物身心健康的问题被人们提了出来：鸡的动物友好型饲养方式是怎样的？北极熊和老虎在动物园里的感受如何？马应该单独饲养还是在马厩里与其他马一起饲养？如果主人去度假时，把哈巴犬独自留在家里，它会有什么感觉？

如果动物被人类饲养，那么我们就有责任照顾好它们。但是，作为人类，我们如何能知道动物何时健康、何时不健康，饲养方式何时对动物友好、何时不友好？德国《动物福利法》的核心内容是避免动物遭受疼痛、苦难或伤害。然而，疼痛和苦难包括主观感受，无法用科学方法直接确定。与此同时，人们越来越强烈地要求，动物友好型饲养应与动物的正面情绪相关联。因此，行为生物学的任务包括了制订科学标准和方法，以便对动物的情感与身心健康做出可靠的论述。因为仅仅观察动物，然后凭着感觉对其健康状况做出论述肯定是不够的，例如，海豚总是看起来好像在笑，然而，这种印象完全是由其上、下颌骨的形状和位置以及其面部表情的缺乏造成的，我们绝不能因此就错误地认为海豚总是心情很好，幸福感极强。

行为生物学的奠基人在他们的出版物中并没有关于动物的情感与身心健康的主题。毫无疑问，像康拉德·洛伦茨这样优秀的动物专家是知道动物有情感的。但他认为，我们不能对动物的主观体验做出符合自然科学的陈述。现在回过头来看，没有在行为生物学发展的早期将这一课题列入议程，从科学策略的角度来看，或许也是一个聪明的举动。将动物行为作为研究对象，并将对其进行客观描述确立为一种科学方法已经够困难了，如果再加上动物情感的主题，行为生物学几乎不可能在半个多世纪前被确定为一门独立的科学学科。然而，排除了这些内容的结果是，几十年来，动物的情感与身心健康一直不是行为生物学的主要研究课题。如今，这种情况发生了根本性的变化。人们已探索出相关方法，以判断动物的身心健康与情感，并确定哪些因素会使动物健康受损，哪些因素会使动物状态良好，以及哪些因素与负面情绪有关，哪些因素与正面情绪有关。

身心健康是一种可改变的状态，人类和动物的身心健康程度可以处于从“极好”到“严重受损”的任何一点，而我们无法通过问卷调查来了解动物的健康状况。不过，在很多情况下，动物若是身心健康受损，则比较容易确定。当猪在集约化养殖中被吃掉尾巴，鸡在鸡棚养殖中互相啄掉羽毛，牛在运输后四肢骨折，科研人员不需要长期研究就能确定动物健康受损的状况。对于兽医来说，发现动物疾病也相对容易，这些疾病通常由感染、寄生虫或肿瘤引起，并且伴随着身体状况的严重受损。但是，如果检测不到任何身体损伤或健康损害——如果马、猪、狗、猫、豚鼠、小鼠或鹦鹉第一眼看起来很健康，是否也意味着它们真的就健康？在没有任何疾病迹象的情况下，我们就能断定它们的健康状况良好吗？大多数行为生物学研究者会说：“这可不一定。”

那么，根据行为学研究的现有水平，动物健康诊断应该是什么样的？原则上，完整的诊断应涵盖动物的生理和心理状态。生理健康自然包括没有疾病和身体损伤，以及是否可以达到该物种的预期寿命。此外，为了能够评估动物的心理是否健康，它们的实际情况是否良好，不仅要参考生理数值，如应激激素的浓度，还要观察动物的行为。

激素与身心健康

在上一章，我们已经了解到如何通过测定应激激素浓度，来说明环境、行为和动物应激水平之间的关系。一般来说，这样的检测可以用来评估动物是否能够很好地适应它们的环境，或者用来判断社会伴侣、照顾者以及整个人工饲养的生活是否使动物负担太重。此外，激素检测通常能让我们获得单凭观察行为无法获得的信息。

例如，如果将一只豚鼠从它的群体中取出，并且小心翼翼地放在腿上抚摸十分钟，那么它就会安静地坐着，不发出任何声音，似乎很满足。一切都表明它的身心状况良好。但是，如果在开始和结束抚摸时，用棉签从它口中取一点唾液，并测定其中的皮质醇水平，就会发现完全不同的情况：这只豚鼠的应激激素几乎增加了80%。显然，这只动物并不喜欢被触碰和抚摸，特别是在它不熟悉这个人的情况下。另外，只是短暂地取出一只豚鼠，然后立即将这只豚鼠放回围栏中，让其与熟悉的同类在一起，那么十分钟后，它的应激激素水平就不会增加。

然而，通常情况下，单靠激素水平并不能深入了解动物的健康状况，而是要将应激激素检测和行为观察结合起来。例如，几年前，我们在明斯特的阿尔卫特动物园发现，喂食方式对一群白犀牛的攻击性和压力水平有多么巨大的影响。当时公犀牛约瑟夫白天与母犀牛娜塔拉、艾米丽、维姬和艾米一起生活在室外围栏中。这些动物会在各自的小棚舍里度过傍晚并且在那里过夜，也在那里获得主要的饲料配给量。早上，它们再一起回到室外围栏。作为离开棚舍的奖励，围栏中间有一堆干草等待着它们。可以看出犀牛们非常喜爱这次喂食，因为它们每天早上都会聚集在干草堆周围，最迟在半小时后就吃完了干草。让我们有点担心的是，这些动物一整天都表现出较强的攻击性。

我们想知道，早上喂食的干草堆是否是导致这些动物的攻击性相对增强，并且产生较高的应激水平的原因。因此我们进行了一项系统性改变喂养方式的研究：早上，我们会提供总量不变的干草，但在某些日子里，会把所有干草堆在一起，有时则将干草分为 5 个小堆均匀分布在围栏里。那时，我们刚刚开发出一种从犀牛唾液中测定应激激素浓度的方法。因此，我们每天早晚还会采集犀牛的唾液样本。值得注意的是，当早上喂食一大堆干草时，所有白犀牛在傍晚时应激水平都会明显升高；即使到了第二天早上，仍然会检测出这一结果。

但是，为什么喂食一大堆干草，即使白犀牛会在半小时内吃完这些干草，它们的压力水平仍然会在 24 小时后升高？行为观察为这个问题提供了解释。当喂食一大堆干草时，所有白犀牛都靠得很近。这种空间上的邻近性引发了攻击性行为，尤其是在公犀牛和母犀牛之间，并且这种攻击性行为会持续一整天。如果分成 5 小堆喂食，犀牛之间的距离就不会靠得那么近，一天内的应激水平便明显较低。

皮质醇、皮质酮或肾上腺素等应激激素以类似的形式存在于包括人类在内的所有脊椎动物体内，应激激素的分泌量是个体所感受到的压力程度的重要指标。因此，应激激素的测定在动物健康研究中发挥着重要作用。经常被记录的生理参数还有心率，过高和不规则的心率也可能表明压力过大。此外，测定反映免疫系统质量的测量值也变得越来越重要，因为长期过高的应激激素水平往往会导致免疫系统受到损害。不过，近年来的一个重要发现是，仅凭这些生理指标来诊断健康状况很容易出错。因此，必须在测定生理指标的同时，也始终对动物的行为进行记录。

为什么有时生理指标无法确切反映动物健康状况，这也很容易解释。正如我们已经了解到，社会不稳定、争斗失败或与伴侣分离都会导致应激激素加剧释放。因此，应该在人工饲养的动物中避免这种情况。然而，在交配期间，动物会定期释放出较平常而言更多的应激激素。这时完全没有任何迹象表明这种情况与健康受损相关，事实上恰恰相反，动物的健康状况一切正常。因此，不能仅凭应激激素的加剧释放就断定动物是否健康。更确切地说，只有结合动物在相应情况下的行为才能做出正确的判断。此时，了解应激激素的功能非常重要：为动物提供能量，以便它们可以根据情况进行必要的行动——打斗、逃跑或者交配。因此，许多与应激反应相关的情况确实常常会威胁动物的健康，但并非所有情况都如此。

行为与身心健康

通过观察行为，我们能获取哪些有关动物身心健康的信息？哪些行为模式表明动物健康状况良好，哪些表明动物健康受损？有一点是明确的：如果动物，无论是狗、猫还是仓鼠，即使在有足够的食物和水的情况下，也可能会吃得太少或喝得太少，那么这和前面讨论过的生理指标一样，这也是动物健康受损的可靠指标。如果动物忽视身体卫生，不再梳理和舔舐毛发，缺乏主动性，常常无精打采地蜷缩在角落里，这就表明它们的健康受到了非常严重的损害。经常出现这种情况的棚舍、围栏和笼子肯定不是动物友好型的。

行为的昼夜节律也能很好地提示健康是否受损。所有动物都拥有固定的休息和活动的节律，这对每个物种来说都具有典型性。例如，鸣禽属于昼行性动物，清晨是它们最活跃的阶段，傍晚是它们次为活跃的阶段；在夜晚，它们则会保持绝对的安静。而刺猬、小鼠或仓鼠则在夜晚活动，白天休息。还有一些动物，如豚鼠，它们的节律由几个阶段组成。无论在白天还是夜晚，活动和休息阶段每隔几小时就会有规律地交替出现。如果动物健康状况良好，它们总会表现出稳定的节律，无论这种昼夜节律的形式如何。节律的突然变化往往是出现健康问题的第一个迹象，节律的崩溃总是指向严重的健康问题。

所谓的冲突行为能够提供有关动物健康受损的迹象，而这些迹象第一眼看上去并不那么明显。与人类一样，动物并不总是很清楚某个时候应该采取哪种行为。例如，如果两种互不相容的行为倾向被激活到大致相同的程度，它们就会相互抑制。最后，动物就会出现完全不合理的行为。例如，公鸡在搏斗得最激烈的时候，会突然停止打斗行为，啄食想象中的谷粒，就和饿了一样。类似的情况也会出现在蛎鹬身上：在打斗过程中，敌对的双方会突然摆出典型的睡觉姿势，好像它们累了一样，然后继续打斗。这种出乎意料的动作与情境毫无关联，也没有任何意义，我们称之为“替换活动”。替换活动表明动物内心正在经历某种冲突。因此，如果使用A种饲养方式的动物表现出的替换活动明显少于使用B种饲养方式的动物，这就表明使用A种饲养方式的动物比使用B种饲养方式的动物过得更好。

冲突行为的另一种形式是所谓的“真空活动”。在这种情况下，某种行为打破了它的正常框架，在完全没有外部刺激的情况下自主进行。织布鸟就是一个令人印象深刻的例子。在野外，织布鸟会用草茎搭建非常精致的巢。如果把它们饲养在没有筑巢材料的鸟舍里，它们仍然会凭空做出非常复杂的筑巢动作。对于人类观察者来说，它们似乎是在建造想象中的巢。这种真空活动的出现表明，某些行为系统已被强烈激活，如筑巢行为，但因饲养条件不合适而无法被合理地执行。经常出现真空活动的动物饲养方式当然是对动物不友好的。

行为障碍

近年来，行为生物学研究和讨论最多的冲突行为是刻板动作。这是一种持续一致的重复行为。这种刻板行为常见于农场动物、动物园动物、实验室动物以及家养动物。例如，集约化养殖中的猪可能会连续数小时以同样的方式咬自己栏位上的栏杆，动物园中的食肉动物可能会在一天中的大部分时间里在重复的固定路径上来回奔跑，在实验室里饲养的小鼠可能会不断地用前爪抓笼壁。刻板行为可以从欲求行为或搜索行为发展而来，搜索行为原本是为了寻找一个可以满足迫切需求的环境。然而，在有限制性饲养条件下，这是无法实现的。于是，搜索行为就以僵化的形式固化下来，成为一种行为障碍，一种刻板动作。对啮齿动物的神经学研究也表明，刻板行为与大脑的病理变化有关。它们与人类精神疾病的症状非常相似，例如孤独症儿童会长时间以同样的动作摇摆上半身。

然而，动物的刻板行为并不一定是由当前的饲养条件造成的。它们也可能来源于很久以前的创伤经历，即使有良好的饲养条件也无法恢复如初。例如，有文献记载一头北极熊最初生活在狭窄的马戏团车厢里，并在那里形成了刻板动作，即使后来把它关在宽敞的室外围栏里，它仍然按照马戏团车厢的尺寸，僵硬地沿着窄小受限的路径行走。

刻板动作通常是一种行为障碍。它们可以追溯到当前或过去的非动物友好型饲养方式。因此，改变动物饲养方式，使刻板动作减少或消除，是迈向动物友好型系统的正确一步。例如，当我们不是简单地把鱼摆放在北极熊面前，而是把鱼冻在冰块中，然后放入围栏给它们吃时，北极熊的刻板动作就会明显减少；如果小鼠不再生活在结构单调的小塑料笼子里，而是生活在配备小屋、攀爬架和其他物品的大笼子里，它们就会停止刻板行为。

也有人认为，虽然刻板动作有碍于人们的审美感知，但没有证据表明它们是与动物健康受损有关的行为障碍。英国科学家罗斯·克劳布（Ros Clubb）和乔治亚·梅森（Georgia Mason）的一项研究提出了最好的反驳意见：他们对动物园中35种不同的食肉动物进行了研究，分析了它们表现出刻板行为的频率、其后代在圈养中的死亡率，以及这些动物在其自然栖息地的活动范围。研究对象包括在野外活动范围很广的动物物种，如北极熊或狮子，也包括活动范围相对较小的物种，如北极狐或美洲水貂。分析结果表明，野外活动范围越大的动物，在圈养环境中表现出刻板动作的频率也越高，而且动物的刻板行为越多，其幼崽在动物园里的死亡率就越高。这些数据清楚地表明，刻板动作是一种行为障碍。此外，这些数据还引出了一个问题：是否可以人道地圈养动物？

游戏和积极情绪

观察动物的行为不仅可以发现冲突和行为障碍，还可以了解到动物何时健康状况良好。例如，当它们表现出社会积极行为时，即彼此友好互动，如相互舔舐、轻挠或依偎时，就意味着它们的健康状况良好，正如我们在前文了解到的相处和谐的成对的树鼩一样。从动物发出的声音和叫声中也可以推断出动物的健康状况。在这方面，爱沙尼亚神经科学家亚克·潘克塞普（Jaak Panksepp）的"会笑"的大鼠已经广为人知。

大鼠，尤其是当它们还年幼的时候，喜欢扭打与运动游戏。玩耍时，它们会发出大量高音哨声，频率约为 50 千赫。因此，人类无法直接感知到这些声音，但可以借助合适的超声波探测器将声音记录下来。值得注意的是，大鼠在被人们挠痒时也会发出这些声音，甚至比玩耍时的声音更大——尤其是在全身都被挠痒的时候。它们会主动寻找给它们挠痒的手，或曾经给它们挠痒的地方。如果事后能得到挠痒的奖励，它们还能完成任务，例如走迷宫。被挠痒时笑得最多的也是最爱玩的。并且，正如我们所预料的那样，在面对危险、恐惧和焦虑时，它们的笑声会戛然而止。这些大鼠非常有说服力地告诉我们，笑声和快乐并不是人类独有的特征。

积极情绪与游戏之间的密切联系是当前行为生物学关注的焦点之一。英国知名科学杂志《当代生物学》甚至在其创刊 20 周年之际，专门出版了一期题为《趣味生物学》的特刊来讨论这一主题。玩耍的动物拥有积极的情绪，它们的健康状况明显很好。因此，拥有游戏条件的环境被认为是对动物友好的。不仅狗和猫喜欢尽情玩耍，显然所有哺乳动物都喜欢玩耍。许多鸟类也会玩游戏，其中以新西兰的啄羊鹦鹉为代表，它们是真正的“游戏狂”。游戏行为通常仅发生于幼年时期，有的个体也可能一直持续到成年，许多食肉动物以及猴子、鲸和鹦鹉都是如此。在爬行动物、两栖动物和鱼类中有观测到游戏行为的记录。甚至在乌贼、冠状蛛或野黄蜂等无脊椎动物中，也发现了游戏行为。然而，无脊椎动物的游戏行为是否也与积极情绪有关，却是一个极具争议的问题。

如何将游戏与其他行为领域区分开来？在行为生物学中，游戏被定义为与认真事务无关的行为，它在发生的情境中没有明显的功能。例如，捕食游戏通常是针对一个替代物体：猫和毛线团玩捉迷藏。在打斗游戏中，狗或猴子可以在很短的时间内多次变换角色，有时是一方获胜，有时是另一方获胜。这样的事情在正儿八经的争斗中是永远不会发生的。只有在游戏中，打斗和交配等完全不同类型的行为才能和谐地结合在一起。此外，游戏中的行为往往以夸张的形式出现。例如，与认真的情况相比，许多动物在玩耍时表现出的炫耀行为的特征是四肢活动的幅度更大，速度更快，重复的次数也更多。游戏行为是自发的，似乎使动物乐此不疲，动物会反复寻找可以玩的情境。神经生物学研究表明，在脊椎动物中，游戏会激活大脑中的奖励中心，使游戏成为一种自我奖励，因此很难自行结束。

游戏不是一种统一的现象。在社交游戏中，动物与同类一起玩。在玩物游戏中，动物使用物品玩耍。而在单独游戏中，动物往往会做出奇怪的动作：一只正在玩耍的豚鼠会突然开始奔跑，猛然停下来，四脚腾空跳向空中，同时旋转身体，甩动头部，然后落回地面。这一系列动作可以连续重复几分钟，并且其他豚鼠也会受其传染，引发名副其实的"跳跃症"。

游戏行为与高能量消耗有关，而且在动物的自然栖息地，游戏行为往往会增加风险：玩耍的动物幼崽会吸引捕食者的注意，在岩石地带进行运动游戏有时会导致摔跤骨折。尽管如此，游戏还是在许多动物的生活中占据了重要的地位。因此，根据达尔文的逻辑，游戏一定会给个体带来好处。事实上也的确如此，动物能在游戏中学习。这种学习可能涉及练习肌肉功能、提高认知能力，及尝试不同社会角色等方面。

开展游戏行为是许多动物幼崽的一个显著特点。然而，动物并不是在任何情况下都会玩耍，它们必须感到放松，身处一个既能激发游戏行为，又能提供安全感的环境中。如果缺少这两个要素中的一个，游戏行为就会大大减少，甚至根本不会出现。许多人工饲养的动物周围有利于游戏的刺激太少，因为它们的棚舍、笼子或围栏太小、太单调，没有空间结构，并且缺乏活动机会。在这种情况下，动物不会进行游戏；不但如此，这些动物还常会出现行为障碍，如前面所提到的刻板动作。良性刺激太少也可能是由于缺少一个或多个社会伴侣，对于在野外成群生活的动物来说尤其如此。如果这类动物的幼崽单独长大，游戏行为就会明显减少。例如，单独饲养的豚鼠幼崽进行运动游戏的次数远远少于与其他同类一起在大型群体生活的豚鼠幼崽。

然而，具备良性刺激的环境并不是游戏的唯一前提，满足动物的基本需求也是必要的。例如，人们在生活于非洲的一种长尾猴中观察到，在自然栖息地，其幼崽通常会在大部分时间兴高采烈地玩耍。然而在干旱时期，它们几乎不会玩耍，因为几乎每只长尾猴都要把所有的时间和精力花在寻找食物上。在恶劣的天气条件下，或遭到捕食者的威胁时，或者群体内部的社会关系非常紧张，以至于成年动物之间的争斗升级时，幼崽都不会进行游戏。但是，如果幼崽生活的环境能给它们带来安全感和良性刺激，它们就会不知疲倦地进行各项游戏。

环境与身心健康

对农场动物、动物园动物、实验室动物和家养动物的大量研究中，重点调查了环境对动物行为及其身心健康的影响程度。研究发现，作为普遍规则来说，在结构丰富、变化多样的环境中长大的动物与生活在贫瘠、结构简单的环境中的同类动物有很大不同。环境变得丰富多彩会对实验室小鼠的行为造成巨大影响，这些影响已经被很好地记录了下来。

实验室小鼠是生物医学研究中广泛使用的实验对象。为了了解癌症、心血管疾病或痴呆症的发病基础，每年都要对数百万只小鼠进行研究。不过，小鼠一生中的大部分时间并不是在实验中度过的，它们通常与同类一起生活在长方形的塑料小笼子里。这些笼子高约15厘米，顶部用网盖封闭，网盖上有一个放置干粮和水瓶的凹槽，这样小鼠就可以随意进食和饮水，大约900平方厘米的底面铺着一层薄薄的垫草。大约20年前，社会上第一次出现了批评的声音，认为这样的饲养方式对小鼠并不友好。因此，有人建议使笼子的结构变得更丰富。为此人们在每个笼子里都放置了一个木制攀爬架和一个在侧面和顶部有开口的塑料插件，小鼠可以通过这些开口爬进爬出。事实上，许多研究表明，与标准饲养条件下的小鼠相比，经过结构丰富化的笼子里的小鼠明显更活跃、更好奇、更镇定。此外，在寻找通过迷宫的正确路径以获得奖励的学习测试中，它们的表现也要好得多。

这些结果表明，结构丰富化的笼子确实对小鼠产生了积极影响。尽管如此，人们还是可以对这样的笼子进行改进，因为这仍然不是一个最佳的饲养系统。因此，我们为自己设定了一项任务：设计一种假设我们是小鼠的情况下，我们也愿意生活在其中的环境。这项任务的结果就是所谓的“超级丰富化饲养环境”，它还登上了美国一家著名专业杂志的封面。我们建造了一个底面为4 000平方厘米、高度为35厘米的玻璃饲养室。地面上铺满了垫草，还有纸巾可以用来筑巢。整个空间结构丰富，摆放了各种各样的物品：塑料小屋、攀爬架、悬挂在天花板上的绳索，通过楼梯还可以到达第二层。在几百个小时的时间里，我们观察并记录了雌鼠的行为，每 4 只雌鼠为一组，分别生活在标准、丰富化或超级丰富化的饲养环境中。

令人惊讶的是，在标准饲养环境与丰富化饲养环境中，小鼠的自发行为几乎没有差别。但是，这两种饲养环境中的小鼠与超级丰富化饲养环境中的同种小鼠之间存在明显差异。

在标准饲养环境与丰富化饲养环境中，小鼠经常表现出刻板动作：它们用前爪以相同的方式反复抓挠墙壁。小鼠典型的运动游戏是突然跑开并进行大幅度跳跃，但这种游戏行为在这两种饲养环境中很罕见。作为攻击行为的一种表现形式——击打同类出现的次数相对频繁，社会积极行为则很少出现。

相比之下，我们在超级丰富化饲养环境中的小鼠身上看到了完全相反的行为特征：它们玩耍得很多，几乎没有表现出任何刻板行为；它们通常会友好相处，只在很少情况下具有攻击性。尽管所有小鼠的性别、年龄和基因组成都相同，尽管它们以同样的数量生活在围栏中，超级丰富化的饲养环境仍会导致它们的行为完全改变，身心健康也显著改善。

大量神经学研究表明，丰富环境的积极影响也可以在大脑层面得到证实。例如，与来自单调、低刺激环境的同种动物相比，在结构丰富的环境中长大的动物具有更大的大脑皮层、更强的神经细胞分支，和更多的神经细胞之间的连接。在易患阿尔茨海默病的小鼠身上，丰富的环境甚至被证明是一种有效的保护：如果动物生活在丰富的环境中，其大脑中的蛋白质沉积物（这种沉积物是包括人类在内的动物患上阿尔茨海默病的典型特征）的形成程度远低于标准饲养环境中的动物。同时，新神经细胞的形成也明显增加。由此看来，一个能够促进积极和多样化生活方式的环境，这似乎对人类和动物都同样有益。

“询问”动物本身

我们到目前为止已经了解到，我们可以观察动物并从刻板动作或游戏活动等行为中推断它们的健康状况。我们还可以测定激素浓度，从而了解动物的应激水平有多高。此外，我们还可以“询问”动物本身：什么对它们最重要，它们喜欢什么，不喜欢什么。这就是我们接下来要讨论的问题，因为动物为我们提供的答案对于从它们的角度理解世界至关重要。

就在几年前，人们普遍将豚鼠与侏儒兔放在一起饲养，许多宠物店甚至建议顾客在购买豚鼠时再加上一只侏儒兔，这样豚鼠就不会孤单了。然而，侏儒兔和豚鼠是两个在动物谱系上相隔较远的物种，它们的野生祖先生活在完全不同的栖息地。这自然而然地引出一个合理的问题，即把这两个物种放在一起饲养，是否真的对它们友好。为了找到答案，我们建造了一个带有多个隔间的装置。利用该装置，豚鼠可以自己选择是单独生活在一个隔间里，还是与一只侏儒兔或另一只豚鼠生活在一起。接受测试的豚鼠的选择非常明确：它们既不愿意单独生活，也不愿意与侏儒兔一起生活，显然更喜欢与同类生活在一起。

之所以会出现这种现象，一是因为豚鼠和侏儒兔的生活节奏不一样，因此，豚鼠在休息和睡觉时总是受到侏儒兔的干扰；二是因为这两个物种的交流方法也各不相同。例如，侏儒兔有一种叫作“低头”的行为，它会慢慢地走向对方，降低上半身和头，耳朵向后垂着，把头顶到对方的胸部或头部下面。这种行为在侏儒兔中是积极的，它们会用社交性的毛发梳理、蹭鼻子或嗅闻来回应这一行为。与此相反，对豚鼠来说，这种动作为一种敌对行为，它们几乎总是以防卫作为回应。这项研究结果清楚地表明：豚鼠既不能单独饲养，也不能与侏儒兔一同饲养，只有与同类生活在一起才是对豚鼠友好的饲养方式。

在这种偏好测试中，动物可以在不同的选项中自由选择。我们对各种各样的动物进行了偏好测试。例如，让小鼠在进行了结构丰富化的饲养环境和没有进行结构丰富化的饲养环境之间进行选择时，它们会明确地选择前者，即使它们以前生活在没有进行结构丰富化的笼子里。偏好测试还可用于确定鸡和小猪喜欢哪种地面铺料，牛喜欢哪种卧垫，猪舍内的猪喜欢哪种温度，以及羊更愿意选择什么样的交配伴侣。在开发和建造动物友好型饲养系统时，应该更多地参考这些测试结果。

偏好测试的确能说明动物是如何看待这个世界的。然而，这种测试并不能回答动物所做的选择对自身来说的重要性。如果在偏好测试中，一只狗必须在骨头和罐头食品之间做出选择，它可能会选择不吃罐头食品。但如果它不得不吃罐头食品，它是否会感到痛苦？如何判断动物在偏好测试中选择的是必需品还是奢侈品？为了能够回答这些问题，我们寻找了一些方法来确定偏好的重要性。首先假设对动物来说，获得所偏好的物品越重要，它就越愿意为之努力，即花费时间和精力，承担风险并克服障碍。我们又如何在科学研究中落实这一考虑呢?

英国生物学家玛丽安·道金斯（Marian Dawkins）帮助我们获得了决定性的突破，她建议我们使用经济学中关于人类消费行为的理论作为指导。例如，在调查固定收入不高的人群在一定时期内购买了多少面包和多少起泡葡萄酒时，假如所有东西都变得更贵了，我们就会发现无论价格有多高，主食面包的购买量都是一样的。可以说，对这种商品的需求是不具备弹性的，它是一种必需品。起泡葡萄酒的情况则完全不同，其价格越高，购买量就越少。因此，相应的需求被称为弹性需求，也意味着这是一种奢侈品。原则上，价格与消费数量之间的关系可以用需求曲线来表示。根据经济学家所给出的定义，从这些曲线的走向可以判断出某种物品更偏向于必需品还是奢侈品。

那么，如何确定动物的需求曲线呢?假设一只大鼠可以学会通过按下杠杆来获得一粒食物，那么就可以通过它在一天内按压杠杆的次数，确定它吃掉了多少食物。紧接着，我们不断增加按压杠杆的次数和食物奖励之间的比例——例如，大鼠得按压杠杆 2 次、5 次、10 次或 20 次才能获得一粒食物，这样就可以确定大鼠在各种困难条件下一天能吃掉多少食物。在这样的研究中，我们常发现无论动物需付出多大的努力，花费多少时间和精力，它们最终设法获得的食物数量是一样的。

第二步，我们可以用同样的方法确定，如果不是为了食物，而是为了另一种资源，例如进入更大的围栏，动物愿意付出多少努力。然后我们可以为这两种资源——获得食物和进入更大的围栏，计算出需求曲线。人类需求曲线上的价格，与动物为获得食物或进入更大的围栏所需的按压杠杆的次数相对应。根据曲线的走向，就可以得出动物对哪些物品的需求具有弹性或缺乏弹性。这种方法的妙处还在于，对动物采用的标准，与经济学家用来区分人类的奢侈品和必需品的标准完全相同。

近年来，我们在一系列的研究中确定了各种各样的需求曲线。正如我们所料，动物对饲料的需求总是不具备弹性的。然而，单独饲养的猪为了与同类进行社交接触而付出的努力，几乎与为获得食物而付出的努力相当。所以在这种情况下，我们也应把社交视为一种必需品。事实证明，小鼠对额外空间和丰富环境的需求，以及鸡对使用巢箱的需求也相对缺乏弹性，这就意味着这些物品是它们的必需品。我们可以假定，如果某个饲养系统能够满足动物所有的非弹性需求，那这个饲养系统可以被认为是对动物友好的。与此相对应的是，当动物无法生活在以上环境，或获得这些必需品时，它们就会感到痛苦。

然而，偏好测试会带来一个问题：动物和人类一样，倾向于进行短期选择，而不总是选择长期来看对自己最有利的事物。例如，在进行自由选择时，大鼠完全不喜欢营养均衡的饮食，而是喜欢没有营养的甜食；在酒精和水之间选择时，很大一部分大鼠经常选择饮酒，这导致一些大鼠因此而产生了酒精依赖。由此可见，实验中确定的偏好并非都是有利的，所以偏好试验总是需要辅以其他方法，比如观察自发行为和测定生理参数。

乐观主义者和悲观主义者

激素检测可以告诉我们动物的应激水平有多高。从它们的行为中，我们可以断定它们的健康状况如何；通过偏好测试，我们可以确定什么事物对它们最重要。然而，所有这些发现都无法帮助我们回答动物到底有什么感受，它们有哪些情感。为了针对这个关键问题，找出科学的答案，英国行为生物学家迈克尔·门德尔（Michael Mendl）和他的团队在10年前提出了一个绝妙的想法，由此引发了一场研究动物身心健康的热潮。

这个想法出自众所周知的事实：我们如何判断和评价周围的世界，在很大程度上取决于我们的主观感受。当快乐的人被问及未来会怎样时，他们通常会给出乐观的答案："一切都会好起来的！"相比之下，不快乐、焦虑或抑郁的人往往会对同一个问题做出悲观的反应，他们会害怕负面事件，比如意外事故、失业、孤独或疾病等。根据人的情绪状态，对模棱两可的情况也会做出截然不同的评价。著名的"水杯理论"就说明了这一点：对于乐观主义者来说，盛了半杯水的杯子是半满的，而对于悲观主义者来说，盛了半杯水的杯子是半空的。总的来说，大量的科学研究证实，从广义上讲，情绪会影响人的思维，这在心理学上被称为"认知偏差"。

迈克尔·门德尔和他的团队想到的点子是，虽然我们无法直接测量动物的情绪，但应该可以像人类一样，确定动物的认知偏差，并从中推断出它们的情绪。随后，他们用大鼠进行了一项开创性的实验，结果表明，确实可以"询问"动物杯子是半满还是半空，从而确定它们是乐观主义者还是悲观主义者。科学家们进行研究的第一步便是训练动物区分两种音调：当一种音调响起时，它们可以按下杠杆并获得食物奖励，这种音调就预告了一些正面的事情；如果另一种音调响起时它们按下杠杆，随之而来的就是负面事件——它们不喜欢的响声会被触发，而且没有食物奖励。在大鼠学会区分这两种音调及其后果后，真正令人激动的问题就来临了：如果播放的音调正好介于动物学会的两种音调之间会发生什么情况？它们会按下杠杆，像期待正面的事情发生的时候一样？还是不会按下杠杆，从而表明它们将负面的事情与这种音调联系在一起？

有趣的是，与那些生活在熟悉环境中，对身边的一切都了如指掌，并且可以对其进行预测的大鼠相比，那些来自饲养条件恶劣的环境并拥有负面经历的大鼠要悲观得多。恶劣的饲养条件与负面经历包括：熟悉的笼子被多次更换、潮湿的垫料、不规则的光照变化。具体来说，这意味着它们按下杠杆所需的时间比饲养条件较好的大鼠更长，按下杠杆的次数也明显比饲养条件较好的动物少。与同类相比，它们对同一音调的理解要负面得多。这表明，之前的糟糕经历造成了认知偏差，导致这些大鼠的态度更加悲观，情绪状态也更加负面。

由此可见，这种方法的基础就是让动物学会区分两种刺激，一种是正面的，一种是负面的。紧接着关键的问题是，当一个正好介于两者之间的、模棱两可的刺激出现时，动物会做出怎样的反应。它的表现会偏向乐观主义者还是偏向悲观主义者？在大鼠的例子中，声音被用作刺激物。此外，我们也可以使用视觉信号，例如，我的同事海伦·里希特在她的"乐观主义研究"中使用内置屏幕的全自动鼠笼。人们可以在屏幕顶部或底部显示一个条形图案，如果条形图案出现在顶部，小鼠就必须触摸左边的屏幕，以获得食物奖励；反之，如果条形图案出现在屏幕的底部，小鼠就必须触摸右侧的屏幕，以避免发生不愉快的情况，例如出现巨大的响声。当小鼠学会了这些联系之后，关键问题又来了：当一个条形图案正好出现在屏幕中间时，它将表现出什么行为？它会将奖励或惩罚与这个位于中间的刺激联系起来吗？它会因为期待食物而触摸左侧的屏幕吗？或者，它会因为预测听到响声而触摸右边的屏幕吗？

结果证明，就像焦虑、悲伤或抑郁的人会把半满的杯子说成是半空的一样，悲观的小鼠会因为预测的是负面的事物而触碰右边的屏幕，这表明它的基本情绪是负面的。如果小鼠触碰左边的屏幕，意味着它对同一情况做出了乐观的评价，这表明它的基本情绪是正面的。

借助这种对认知偏差的研究，我们可以"询问"动物，并且确定哪些经历和饲养条件会影响它们对世界的看法。有利于形成乐观观点的因素很可能与正面情绪有关，并有助于提高生活质量。丰富化的环境会促进恒河猴、猪和椋鸟的乐观情绪，而独处则会导致狗更加悲观；有刻板动作的椋鸟比没有这种行为障碍的同类更悲观；用烙铁给奶牛印上标记也会使它们在短期内变成悲观主义者。

情感

动物的情感是行为生物学中当今最热门、最令人感兴趣但也是最困难的课题之一。如今大多数行为生物科学家都会同意，动物，尤其是脊椎动物，具有可以用科学方法研究的情感。其中一个主要原因是人类大脑中负责产生情感的部分——边缘系统，有着非常古老的结构，它在我们的祖先中就已经存在，而且也存在于所有哺乳动物中，实际上它存在于所有脊椎动物中。人类和动物唤起基本情绪的神经通路是相同的，神经细胞用来相互沟通的信使物质也是相同的，为了调节情绪状态而可开启或关闭的基因也是相同的。

我们首先可以通过两种被研究得最彻底的情绪——恐惧和焦虑，来展示人与其他动物这种深入到细微之处的惊人的相似性。当遇到具体的威胁时，例如当人或猴子突然看到一条蛇，或者当老鼠遇到一只猫时，就会引发一连串的反应，这些反应在不同物种之间没有任何区别：心跳开始加速，呼吸加深，应激激素被释放，所有注意力都集中在危险上，面部肌肉形成典型的恐惧表情。在大脑层面上，所有动物的相同区域（例如杏仁体）都会被激活，甚至在微观层面上，包括神经元、突触、信使物质和基因也会发生相同的过程。在拥有如此多的共同点的情况下，我们似乎可以顺理成章地推测，人类和其他动物在受到威胁时，会产生同样的情绪，即恐惧！

这种推测也得到了某些药物作用的支持，这些药物以相同的方式影响人类和动物大脑中的恐惧和焦虑回路，并导致类似的行为变化。服用抗焦虑药物的人，会变得更愿意冒险，也更勇敢。给小鼠和大鼠服用这种药物后，这些动物会冒着危险进入它们原本避而远之的开阔、无保护、明亮的区域。诱发恐惧的物质会让小鼠和大鼠退缩到有遮挡的地方，而且它们对人类也同样有效。这些精神药物对人类和其他动物的大脑活动和行为产生了相似的影响，这表明两者对恐惧情绪本身的体验也非常相似。

恐惧和焦虑只是我们所知的人类情绪的一部分。其他情绪，如喜悦、悲伤、厌恶、愤怒、挫败、嫉妒、羞愧、自豪、遗憾等，也是我们的情绪。一个经常引起争议的问题是，人类已知的每种情绪在非人类哺乳动物中是否也存在对应的情绪。我们了解到，恐惧和焦虑的产生可追溯到人与其他动物拥有类似的神经回路。然而，人们对大脑如何产生其他大多数情绪知之甚少。

为了能够对其他情绪做出说明，我们在确认人类会出现某种行为和某种情绪的环境下，对处于这些环境的动物进行观察。如果动物表现出相似的行为，通常就可以断定它们也有相同的情绪。当我们期待的某些正面事件没有发生时，我们总是会产生挫败感，最后往往会产生攻击行为。在不同种类的动物中，我们也可以发现与之非常类似的行为。例如，鸽子、大鼠都可以学习到每当灯亮起时就得按下杠杆，随后便能得到食物奖励，但是，如果按下杠杆后没有得到奖励，这 2 种动物就会对附近的一切东西产生强烈的攻击性，无论是笼壁、食盆还是同类。因此，就像恐惧、焦虑或喜悦一样，挫败感似乎也是一种非人类动物能够以与人类非常相似的方式感受到的情绪。

嫉妒也是如此。如果所爱的人突然对别人更感兴趣，嫉妒的人就会试图切断爱人与对方的关系，把所爱的人的注意力完全转移到自己身上。在一项关于狗的研究中也观察到了这种行为模式。在实验人员的指示下，狗的主人不再理会自己的狗，而是与一只外形逼真的假狗玩耍。只要按下按钮，这只假狗就会吠叫、呜咽和摇尾巴。狗很快就做出了反应：它挤到主人和假狗之间，试图引起主人的注意，对假狗表现出攻击性，或者发出呜咽声。而当主人玩万圣节南瓜或大声朗读书籍时，这种情况就不会发生，或者其攻击性会大大减弱。这些结果实际上表明，嫉妒也会出现在非人类动物身上。

然而，这种研究方法也存在局限性。因为并非所有在人类和动物身上看起来相同的东西，就真的都是一样的。另外，同样的事物在不同的物种身上，会有完全不同的表达方式。黑猩猩如果表现出类似人类微笑的面部表情，其实它根本不是在感到高兴，而是被吓到了。海豚看似一直在微笑，但它并不总是心情很好。如果狼感到害怕，我们可以从它的脸上看出来。熊总是以同样的表情看着我们，但这并不意味着熊不会感到恐惧或不是那么情绪化，它们只是不具备做出面部表情所需的神经和肌肉。这意味着，如果我们只看到人类和动物行为的相似之处，并据此推断动物的情绪，会很容易陷入误区。我们有可能错误地将更多并且更相似的情绪归给更像我们的动物，例如猴子，或者能够做出面部表情的动物，例如狗，而不是蝙蝠或鼹鼠。

还有另外一个论点提醒我们要保持谨慎：情感与人类和动物的所有其他特征一样，都是在自然选择的作用下进化而来的。情绪有助于动物适应环境、生存和繁衍。虽然我们人类经常将恐惧或焦虑等评为负面情绪，但我们很容易理解它们在进化过程中形成的原因：在危险环境中感到恐惧和焦虑的个体能成功存活下来，从而比没有这些情绪的同类更有效地将自己的基因传给下一代。

由此可见，在我们人类和非人类哺乳动物中，可能存在着非常相似的普遍情绪，如恐惧、焦虑或喜悦。然而，哺乳动物的栖息地大相径庭，例如，鲸的栖息地是海洋，狐蝠的栖息地在空中，北极熊的栖息地位于极地，狮子的栖息地是大草原。如果情绪有助于更好地适应各自的栖息地，那么可以想象，在不同的栖息地，不同的物种会产生不同的情绪。这意味着，虽然包括人类在内的所有哺乳动物都有一组共同的情绪，但除此之外，人类很可能还具备鲸或大象不具备的情绪。同样，蝙蝠或猫也可能拥有我们人类想象不到的情绪。

因此，许多研究者认为，总是寻求相对应的情绪并不能达到研究目标：动物是否拥有人类的情绪？仅凭类比无法确定动物是否会像人类一样感到遗憾或羞愧等情绪。更确切地说，这些研究者主张在判断动物情绪时应主要关注它们的情绪状态是正面的还是负面的，这些状态的强弱程度如何。事实上，通过目前可用的方法，这些问题是可以被解答的，因此我们越来越清楚地了解到，在哪些条件下动物会出现正面情绪，在哪些条件下动物会出现负面情绪。

关于符合物种特性和动物友好型的动物生活

近年来，差不多每场关于动物福祉的公开辩论都会把“动物友好”和“符合物种特性”这两个概念放在中心位置。几乎没有人会不同意我们人类应该以符合物种特性和动物友好的方式对待动物。但这究竟意味着什么呢？要回答这个问题，我们需要明确区分这两个概念，也要清楚区分野生动物和家养动物。

从行为生物学的角度来看，“符合物种特性”指一切通过自然选择的作用而产生的、有助于动物适应其栖息地并最大限度地提高繁殖成功率的行为。例如，旱獭冬眠、松鼠收集过冬食物、极乐鸟通过复杂的求偶仪式对配偶示爱，这都是符合物种特性的。然而，正如我们将在第七章中看到的那样，竞争对手在打斗中伤害对方，或者雄性动物在接管一个群后杀死前任动物的幼崽，也是符合物种特性的。归根结底，在自然栖息地中发生的一切有利于最大限度提高适应性的行为都是符合物种特性的。

野生动物在其自然栖息地的生活是符合物种特性的。然而，在公共讨论中经常被忽视的是这种符合物种特性的生活，通常伴随着相当大的压力和巨大的危险。这也不足为奇，因为对于每个物种来说，每一代出生的个体数量远远超过延续下一代所需的个体数量。这就导致对生存所必需的资源和繁殖机会的争夺十分激烈，许多动物也因此而死亡。事实上，大量研究表明，在动物的自然栖息地，极端的应激反应、受伤、疾病和寿命缩短等情况并不少见，反而会经常发生。“自由自在”的生活是符合动物物种特性的，然而，这并不意味着动物们在野外总是过得很好。这是因为自然选择的主要目的并不是动物的身心健康，而是为了最大限度地提高动物在其一生中的适应能力。因此，对于自然栖息地的野生动物而言，单只动物的身心健康并不是最重要的关注点。更确切地说，重点是保护和保存整个种群。最终目的是通过维持栖息地，确保存在无需人类干预即可自我维持的稳定种群。

人工饲养的动物情况则完全不同。这里的关注点是每个个体的身心健康，因为我们作为人类，有责任照顾这些动物。在这种情况下，任何促进动物身心健康的行为都可以被称为“动物友好”。由此可见，“符合物种特性”这个概念主要适用于自然栖息地中动物的自然种群，而“动物友好”这个概念主要涉及人工饲养的动物个体。

人类饲养的绝大多数动物都是家养动物。无论是鸡、猪或牛等农场动物，还是小鼠或大鼠等实验室动物，不管是马这样的休闲、运动和治疗动物，还是狗或猫等宠物，它们都是从野生动物驯化而来的。为此，人类经过多代培育，使原来的野生动物拥有了某些理想的特性，例如更多的产肉量、更高的产奶或产蛋能力，或者使特定动物具备特殊的警惕性。就这样，狼变成了狗，非洲野猫变成了家猫，野马变成了家养马，野猪变成了家养猪，普通野生豚鼠变成了家养豚鼠……从生物学角度看，家养动物和它们各自的野生祖先动物仍属于同一物种。如果使狼和狗，或普通野生豚鼠和家养豚鼠交配，确实可以产生拥有繁殖能力的后代。

但与此同时，驯化过程总会导致动物产生外观、生理和行为上的变化。典型的驯化特征纷纷出现，这些特征使家养动物不同于其各自祖先的样子。因此，家养动物在体型、形状和颜色方面的可变性比它们的祖先要大得多。例如，如果我们观察生活在地球各处的所有的狼，它们在外形上肯定会有所不同。不过，与大丹犬和吉娃娃相比，这种差异很小。此外，家养动物的大脑比其野生祖先的大脑更小，某些家养动物甚至缩小了约 30%。

在行为方面，家养动物通常不像野生动物那么具有攻击性，彼此之间也更倾向于友好相处，这是因为人类一直以来主要饲养的都是性格温和、更易于管理的动物。家养动物在交配活动方面更活跃，因为它们通常是以较高的繁殖能力作为目标所选出的。此外，家养动物发出的声音也更多，对周围环境的警觉性也更低，具有这些特征的野生动物很可能无法长时间在野外存活。最后，在生理层面上，家养动物的应激反应也大大减少。这意味着，与它们的野生祖先相比，家养动物在相似情况下释放的皮质醇和肾上腺素要少得多。

如今我们的观点是，家养动物在其驯化过程中所经历的变化并没有使它们成为“有缺陷的动物”。相反，这些变化使它们能够更好地适应人类创造的条件。野生动物在自然选择的作用下，以最佳方式适应了其物种的生态位，而驯化过程则使家养动物适应了家庭环境。因此，与野生动物相比，以动物友好的方式饲养家养动物也容易得多。

另一方面，如果家养动物不得不在其野生形态的生态位条件下生活，那么它们的身心健康将会受到重大损害。如果一只家养豚鼠突然被放置于普通野生豚鼠位于南美洲的自然栖息地，那么它很可能无法在那里生存。一般来说，驯养动物与野生动物有很大的不同，以至于符合物种特性的“自由”生活方式已经不能作为动物友好型生活的蓝本。因此，家养动物的友好饲养方式更取决于人类提供的、良好的饲养系统，而不是其野生祖先的生态位。

结论

动物福祉是现代行为生物学的核心主题。它不仅意味着没有疾病和身体损伤，还包含心理健康。我们可以借助各种方法客观且可重复地确定动物是否健康。例如，可以通过测量激素来确定动物的应激水平，通过观察动物的自发行为，可以判断它们的状况如何。游戏行为是动物健康良好的标志，而刻板动作则表明动物存在行为障碍。此外，还可以在偏好测试中“询问”动物如何看待这个世界：它们喜欢什么，什么对它们很重要，它们不喜欢什么。最后，基于认知和情绪相互影响的方法，可以帮助我们总结出动物正处于正面情绪还是负面情绪。综合使用以上方法，就可以对动物的身心健康做出有根据的陈述，并且能确定提供正面情绪的，有利于构建动物友好型饲养方式的因素。

在自然选择的作用下，野生动物以最佳方式适应了其物种的生态位，并在其自然栖息地过着符合物种特性的生活。但是，人工饲养的绝大多数动物并非野生动物，而是通过驯化过程从野生动物中产生的家养动物。在这一过程中，它们在外表、生理和行为上都发生了变化，以适应人类创造的环境。然而，就算是对于家养动物来说，动物友好型的生活也并不是可以顺其自然形成的，人类必须为其饲养的动物创造合适的条件。

第四章

什么是天生的，
什么是后天的

老问题的新答案——
基因、环境和行为

几十年来，科学界和社会一直忙于解答行为生物学的这些问题：行为在多大程度上是与生俱来的，又在多大程度上是后天习得的？本能与学习各自占多少比例？基因起着什么作用，环境又会造成什么影响？关于这个问题，人们已经进行了很多研究，而相关的猜测更是数不胜数。近年来，新的基因工程方法真正推动了这一领域的研究。因此，我们如今可以针对这个老问题给出全新的答案。让我们一起来依次看看吧。

行为主义学派和古典动物行为学派

在行为生物学的早期，有两个不同的学派：欧洲的古典动物行为学派，代表人物如洛伦茨和廷伯根；北美的行为主义学派，代表人物如沃森和斯金纳。动物行为学家接受过广泛的生物学学习，他们的研究对象涵盖整个动物界的各种物种，从灰雁、刺鱼到泥蜂，不一而足。

这些研究者尤其着迷于研究某些动物的行为是如何在没有学习的情况下，凭借本能完美地适应自然环境条件的。例如，雌性泥蜂与雄性泥蜂交配后会进行一系列复杂的行为：挖巢穴、建造巢室、捕杀毛毛虫等猎物、将猎物放入巢室喂养后代、产卵，最后封闭巢室，所有这些工作都必须在泥蜂死亡前的几周内完成。然而，泥蜂的父母会在它们孵化前一年的夏天便死去。这些泥蜂不可能从父母那里学到这些复杂的行为，因为它们从未见过自己的父母。如果它们必须通过反复试错才能学会这一切，那么它们也不太可能执行如此紧密的计划。动物行为学家的结论是，这一定是本能，即与生俱来的行为。

与欧洲的动物行为学家不同，行为主义学派的学者是受过训练的心理学家。他们研究动物行为主要是为了获得有关人类的知识，而不一定是为了更好地了解动物。他们主要对学习的一般规律感兴趣。行为主义学者的研究仅限于少数几种动物，他们主要在实验室环境中研究大鼠和鸽子。

行为主义学者最感兴趣的是，只要以正确的方式施行奖惩，动物就能学会复杂的行为。例如，两只鸽子杰克和吉尔在接受了为期 5 周、每天 1~3 小时的单独训练后，能够使用符号相互“交谈”。当两只鸽子被放在相邻的笼子里时，杰克啄了啄自己笼子里一个写有“什么颜色”的按钮。然后，吉尔从它笼子里的帘子后面，查看红灯、绿灯、黄灯中哪一盏亮了，之后它会啄向写有正确颜色的按钮。与此同时，杰克在笼子里观察这一过程，它看不到帘子后面是哪个颜色的灯亮起，但它能看到吉尔按下的按钮。接收到这些信息后，杰克啄了一下能被吉尔清楚看到的，写有“谢谢”的按钮，吉尔便因此得到了食物奖励。然后，杰克又啄了啄之前吉尔“告诉”它的那个按钮，便也得到了食物奖励。这样，这两只鸽子就能通过学习到的符号向同类传递有关颜色的信息，从而产生持续的“对话”。

几十年来，古典动物行为学派与行为主义学派一直都在激烈地争论行为在多大程度上是本能，又在多大程度上是通过学习获得的。两方学派都会采取极端的立场，都声称几乎所有行为是自己这一方的。不同的研究方向导致了这些相互冲突的观点，这是可以理解的。然而，从今天的角度来看，古典动物行为学派显然过分强调了本能，而行为主义学派则低估了行为的先天部分。

事实上，本能可以通过学习来改变。例如，成年银鸥的黄喙上有一个红色斑点，一旦父母进入巢穴，它们喙上的信号就会引发雏鸟与生俱来的啄食反应，雏鸟也会因此得到食物。如果给没有经验的雏鸟看一个用纸板或木头做成的、带有不同颜色斑点的假喙，它们会本能地喜欢红色而避开蓝色。但是，如果给对蓝色斑点有反应的雏鸟给予奖励，而不给予对红色斑点有反应的奖励，那么这种偏好就会迅速改变。

然而，另一方面，只有存在先天能力倾向的情况下，动物才能顺利进行学习。银鸥在自己后代孵化后的头几天就能单独认识它们，而不会将它们与其他银鸥父母的后代混淆。但与银鸥亲缘关系密切的三趾鸥，即使在雏鸟孵化 4 周后也无法分辨自己的后代与其他同类的后代。不过，这也不足为奇。银鸥在地面上繁殖，并且会形成庞大的群体，不同对银鸥夫妻的巢穴之间相距只有几厘米。雏鸟经常在鸟群中四处乱跑，这就造成了一种选择压力，即银鸥父母必须能够将自己的孩子与其他孩子区分开来。而三趾鸥则在窄小的悬岩上繁殖，这些悬岩只能容纳一个巢穴和两只雏鸟。由于这些生态条件，父母在这里找到的雏鸟，毫无疑问就是自己的孩子，因此也没有必要单独认识后代。由此可见，这两个物种在学习能力上的差异可以用它们的生活方式来解释。在自然选择的作用下，形成了不同的能力倾向，这些倾向决定了学习的可能性和局限性。

多年来，这两种不同的科学流派逐渐相融，从而使人们接受了这样一种观点：复杂的行为是通过本能和学习的相互作用产生的。

臭鼬本能地知道如何追逐、扑倒、抓住和甩动一只老鼠，使其死亡；然而，臭鼬只有通过经验才能学会其特有的准确咬颈动作。小鸭和小鹅本能地知道，孵化后不久，它们必须在接下来的几天到几周内跟随一个会移动和发出声音的物体。但是，谁是被跟随的对象——是母亲还是康拉德·洛伦茨，则需要学习才能识得。成年雄性豚鼠天生就知道如何向雌性求爱和与其进行交配，但是，在社会群体中，它们必须先学会区分哪些雌性豚鼠可以带着交配意图接近，而哪些不可以。

美国灵长类动物学家多萝西·切尼（Dorothy Cheney）和罗伯特·赛法斯（Robert Seyfarth）对一种长尾黑颚猴的警告叫声进行了研究，从而提供了一个本能与学习交叠在一起的、令人印象深刻的例子。长尾黑颚猴不仅会向同类发出捕食者来袭的警告，还会通过与生俱来的叫声来交流敌人的类型。例如，它们用特定的声音表示有危险的哺乳动物来袭，尤其是豹子，当同类听到这种关于豹子的警告叫声时，它们会立即爬到最近的树上；当长尾黑颚猴看到老鹰时，则会用另一种完全不同的声音发出警告，作为回应，猴群中的所有成员都会抬头或躲到灌木丛下；第三种声音则专门警告有蛇来袭，听到这种声音的长尾黑颚猴会仔细查看地面。只有在行为发展的过程中，长尾黑颚猴才会学习什么时候应该正确地使用哪种声音，并应做出什么样的反应。当一只成年动物喊出“蛇”“豹子”或“鹰”时，群体中的所有成员都会立即做出正确的反应。但是，如果一只小猴喊“豹子”，成年长尾黑颚猴并不会立即爬上树，而是先看看猴妈妈，然后按照猴妈妈的反应做出反应，这是因为小猴在一开始仍然会犯一些错误。

动物和人类的触发机制

正如我们在第一章中所看到的，古典动物行为学家发展出了有关某些行为是如何被触发的重要概念。他们认为，动物环境中的关键刺激会激活所谓的先天触发机制，进而导致本能行为的发生。可以说，触发机制就像一把锁，关键刺激就像钥匙一样，一旦相互成功匹配，就会出现行为反应。我们可以通过所谓的仿造物实验来检验动物所处环境中的哪些刺激能触发行为。

例如，在雄性刺鱼中，同类腹部下侧鲜红的颜色会引发最猛烈的攻击，普通的灰色同类并不会引起敌对反应，然而，一块底部被涂成红色的椭圆形木头则会引发类似程度的攻击行为。因此，攻击反应针对的并不是对手的整体外观，而只是其红色的腹部下侧。欧亚鸲捍卫领地时会展现出强烈攻击行为，其触发方式与刺鱼的非常类似：引起攻击行为的不是对手的整体形象，而仅仅是其红色的胸羽。欧亚鸲如果在其领地的树枝上看到红色的羽毛束，同样会对其做出激烈的威胁行为。关键刺激的效果甚至达到了这样不可思议的程度：鸣禽父母不仅会给张大嘴巴、露出彩色的咽部斑纹的雏鸟喂食，如果在试管中放入带有雏鸟咽部斑纹的滤纸，鸣禽父母还会给放置到巢中的这一试管喂食。

如果动物在第一次遇到这种关键刺激时就做出正确的反应，那么确实有很多迹象表明，这是与生俱来的本能反应，这种基因编码存在于该物种所有成员的遗传物质中，并代代相传。然而，对关键刺激的原始反应可以通过学习而改变——正如我们在银鸥雏鸟对其父母红色喙斑的啄食反应中所看到的那样。

在银鸥这一物种中，我们甚至可以观察到动物对关键刺激的反应是可以逆转的。当首次发生水下爆炸时，这些动物会本能地逃离。不过，当它们知道爆炸后死鱼或被震晕的鱼会浮在水面上，成为极易获得的猎物时，在之后遇到水下爆炸的情况时，银鸥便不会飞离爆炸声，而是专门飞向爆炸声。

人们经常会问，人类对关键刺激是否也有天生的反应？事实上，这一点可以从很多方面被证明。例如，几乎所有不同文化背景的人都觉得婴儿可爱，当看到婴儿的时候，人类会产生一种正面的情感，让人不自觉地想要照顾婴儿。为什么会这样？康拉德·洛伦茨猜测，这种反应是与生俱来的，是由某些特征的组合引起的，他称之为"婴儿图式"——大眼睛、高额头、小嘴巴和小鼻子，以及鼓着的胖乎乎的脸颊。洛伦茨认为，每当这些特征组合出现时，就会令人几乎条件反射式地产生正面情绪，做出温柔和关爱的反应。但事实真是如此吗？

几年前，我的博士生梅兰妮·格洛克（Melanie Glocker）为了回答这个问题，与一个由行为生物学家和神经科学家组成的国际团队一同进行了一项了不起的研究。研究者先选择了17张婴儿脸部的照片。然后，他们使用类似于整形外科医生使用的特殊软件，对每张照片进行处理，制作出3种版本的婴儿照片：第一种是没有任何变化的正常图片；第二种是增强了婴儿图式的图片，即脸部更圆、额头更高、眼睛更大、鼻子和嘴巴更小；第三种是削弱了婴儿图式的图片，即脸部更窄、额头更低、眼睛更小、鼻子和嘴巴更大。之后，这51张图片以随机顺序被展示给来自费城的122名大学生，每张图片的展示时间为4秒。这些大学生被要求用1~5分来表示“这个孩子有多可爱”以及“这个孩子让你有多想照顾他（她）”。

研究结果显而易见，如果婴儿图式得到了强化，学生们会认为这些照片中的婴儿明显比没有经过处理的照片中的婴儿更可爱；如果婴儿图式被弱化，对婴儿可爱程度的评价就会显著降低。男生和女生的评价没有差异，他们对“是否愿意照顾他（她）”这一问题的回答也得出了类似的结果：在观看未经过处理的照片时，男女受试者表达了相似程度的照顾意愿；对婴儿图式的强调程度越低，男、女受试者的照顾意愿就越低；更明显的婴儿图式则会产生相反的效果，但仅限于女性。

总之，这些结果有力地支持了康拉德·洛伦茨约75年前的假设。但婴儿图式是如何激发我们人类的正面情绪色彩，甚至是幸福感的？我们也找到了这个问题的答案。梅兰妮·格洛克对16名女性重复了这项研究，再次给她们展示了具有强烈、低度及无婴儿图式的婴儿面孔。不过，这次测试对象是在磁共振成像仪中，通过这一成像方法，就可以确定大脑的哪些区域在观看婴儿照片时特别活跃。非常令人激动的结果是婴儿图式越明显，前脑下部被称为“奖赏中心”的伏隔核被激活的程度就越大。正如大脑研究领域早已证实的那样，激活这一区域会引发幸福感。

有趣的是，它在成瘾行为的形成过程中也起着至关重要的作用。例如，酗酒者看到酒瓶，就可能导致大脑这一区域的强烈活动。因此，《世界报》以“又大又圆的眼睛具有和毒品同样的效果”为题报道了有关婴儿图式的研究，而《汉堡晚报》则以“看到又大又圆的眼睛让女性大脑感到幸福”为题。

婴儿图式对人类的影响是如此强烈，以至于即使在见到其他动物甚至无机物体的时候，我们也会像看到婴儿一样产生类似的正面情感反应。婴儿图式也是许多动物的幼年特征，老虎、狮子、狼、狐狸的幼崽都具有婴儿图式的特征。因此，在通常情况下，我们认为这些动物的幼崽比其父母可爱得多。

在某些物种中，即使是成年动物也具有明显的婴儿图式，比如大眼睛的鹿，还有堪称婴儿图式范例的大熊猫和考拉。了解婴儿图式的影响后，看到世界自然基金会（WWF）使用大熊猫而不是濒临灭绝的毒蛇作为标志进行宣传，也就不足为奇了。多年前，电影业也发现婴儿图式非常有效，米老鼠和尼莫只是众多例子中的两个。婴儿图式还成功地应用到了工业产品的设计中，甲壳虫汽车的前灯以近乎完美的方式复制了婴儿图式中的大眼睛。

总之，对婴儿图式的研究表明，某些特征的组合会唤起我们人类可预测的情感和行为反应，这显然适用于几乎所有人和所有针对婴儿图式而被研究的文化。婴儿图式不仅对成年人有效，对儿童同样有效，甚至4月龄的婴儿似乎也会对婴儿图式做出反应。因此，有很多证据表明，这是一种对关键刺激做出的天生反应。然而，就像动物对关键刺激的本能反应一样，这种反应也会因文化和个人经历而被改变和重塑。

研究先天行为的经典方法

在本章到目前为止的例子中，我们知道了如何判断某种行为是否为先天性行为。简单地说，如果以前没有机会学习过这种行为，如果这种行为在第一次出现时就非常完美，如果这种行为以同样的方式出现在同一物种的所有成员身上，那么就表明这种行为确实是与生俱来的，并且代代相传。一个典型的先天行为是有些蜘蛛能织出复杂而精致的网，它们第一次织出的网和后来织出的网一样完美。行为遗传学是对动物行为中先天部分进行阐述的另一种方式。顾名思义，这一研究领域具体研究个体的基因如何影响其行为。下文将讨论这门学科的研究成果和工作方法。

首先，必须明确一点：没有任何行为是纯粹由基因导致的，也没有任何行为是纯粹由环境造成的。如前所述，这两种因素总是相互发生作用。然而，两个人或两只动物在行为上的某些差异，既可能是由基因单独导致的，也可能是由环境单独造成的。

如果让由父母喂养大的斑胸草雀在另一只斑胸草雀和一只孟加拉雀中选择交配对象，斑胸草雀会选择同类。然而，如果这只斑胸草雀由孟加拉雀喂养大，然后再让它选择，它就会选择孟加拉雀。如果我们问选择行为本身是否与斑胸草雀的基因有关，答案当然是肯定的。因为选择能力以大脑作为前提，如果没有基因所携带的信息，大脑是不可能发育成熟的。

归根结底，每一种行为都是神经细胞和肌肉细胞活动的结果，而神经细胞和肌肉细胞的活动又是以多种基因的活动为基础的。因此，任何行为，无论它是多么简单，也总是涉及大量参与其中的基因。

然而，如果我们问到，与不同雀科鸟类一起长大的斑胸草雀，其在选择结果上的差异是否与它们的基因有关，答案当然是否定的！因为斑胸草雀选择不同的交配对象，完全是由于与不同的父母接触而导致的，也就是说，这完全是环境造成的。行为遗传学的关键问题并不是解答某种行为是否由基因造成的，而是研究基因组成不同的动物是否因此在行为上也存在差异。

我们怎样才能检验基因是否与这种行为差异有关呢？就在几十年前，最有可能成功的方法之一是进行杂交实验。原则上，这种实验的内容是让两个亲缘关系相近的动物进行交配，然后将其后代的行为与初始物种的行为进行比较。例如，雄性野鸡在打鸣时会采取笔直的姿势，其头部和尾羽指向天空。而家养的公鸡在打鸣时，身体多呈斜向，喙和尾羽指向地面。如果将雉鸡和家鸡杂交，其雄性后代的打鸣姿势会正好介于两个初始物种之间。

在大多数情况下，不同物种交配产生的后代不具备繁殖能力。在极少数情况下，如果它们能够成功繁殖后代，就可以得出有关遗传类型的详细结论。两个亲缘关系很近的蟋蟀种类的杂交实验就是一个著名的例子。一个种类极其好斗，另一个则很温和。如果将这两个物种杂交，那么所有的后代都会变得具有攻击性。如果之后再将第二代杂交，下一代将有四分之三的蟋蟀好斗，四分之一的蟋蟀温和。这些结果表明，几千个基因中只有一个基因决定了蟋蟀是温和的还是好斗的。

这是因为每个基因都由两个等位基因组成。在好斗的物种中，决定好斗或温和的基因的两个等位基因都携带着好斗行为的信息。在温和的物种中，相同的基因也由两个等位基因组成，而其基因编码决定了温和行为。如果使这两个物种交配，后代会从每个亲代那里获得一个等位基因，从而拥有一个“好斗的”等位基因和一个“温和的”等位基因。由于所有后代在第一代都表现出好斗行为，因此“好斗的”等位基因与“温和的”等位基因相比是显性的。

如果第二代蟋蟀进行交配，在遗传上会产生 4 个不同的群体：第一组有 2 个“好斗的”等位基因，一个来自父亲，一个来自母亲，因此，这些蟋蟀具有攻击性；第二组从父亲那里得到一个“好斗的”等位基因，从母亲那里得到一个“温和的”等位基因；第三组从父亲那里得到一个“温和的”等位基因，从母亲那里得到一个“好斗的”等位基因；第四组的交配结果是后代从父亲和母亲那里各得到一个“温和的”等位基因，因此这些蟋蟀就是温和的。由于“好斗的”等位基因与“温和的”等位基因相比是显性的，因此第二组和第三组中的所有个体也都表现出攻击性。

回过头来看，这种不同物种之间的杂交实验为行为的遗传性提供了重要的见解。然而，它们在当今的研究中已不再发挥重要作用。

第二种了解造成行为差异的遗传基础的方法是选育，这同样是一种传统方法。在这一过程中，具有某些行为特征的动物会被选中并进行配种。如果这些特征具有遗传性，那么它们就会在几代相传的过程中变得越来越明显。例如，我们对一群大鼠进行了测试，看每只大鼠学会穿过迷宫的速度有多快。不出所料，其中有几只通过迷宫速度非常快的大鼠，几只速度非常慢的大鼠，还有许多速度位于中等范围的大鼠。随后，我们让最快通过迷宫的雄鼠与雌鼠繁殖后代，并且对其后代再次进行测试，看看哪些动物最擅长这一学习任务。然后，我们又让这些后代中速度最快的雄鼠和雌鼠进行交配。与此同时，我们在最慢通过迷宫的雄鼠与雌鼠及其速度最慢的后代身上也实行了相应的过程。这个选择实验的结果几乎令人震惊：只经过了7代，就出现了两个不同的种群：能快速通过迷宫的大鼠和艰难通过迷宫的大鼠。这种效应是如此强烈，以至于即使是能快速通过迷宫的种群中速度最慢的大鼠，也比最慢种群的最快者快。

针对许多其他动物物种的研究证实，人工选择可以非常有效地用于培育某些行为特征。在仅仅几代之内，这种方法就可以培育出温和的和好斗的小鼠、温顺听话的和充满野性的水鼬，甚至是鸣叫次数多和鸣叫次数少的蟋蟀。

在上一章中，我们已经了解了几千年来一直在进行的选育实验——驯化。驯化就是把以前的野生动物变成家养动物的过程。人们使野生动物根据人类所需要的某些特征进行繁殖，而在经过相对较少的世代数后，这些动物在外表、生理和行为上就发生了显著的变化。

现代行为遗传学

如今，行为遗传学研究发生了翻天覆地的变化。尽管一个物种的所有个体原则上都拥有相同数量的基因，但这些基因在结构上可能存在很大差异。世界各地的许多研究小组目前都在试图了解，基因层面的某些差异是否真的会导致行为上的差异。如果是这样，从基因到行为的路径又是怎样的？应该如何具体设想这项研究？

大约25年前，《科学》杂志上的一篇文章让许多研究人员感到兴奋。一个由荷兰和美国科学家组成的研究小组报告了5名荷兰男子的情况：他们都是远亲，生活在荷兰的不同地区。他们的共同点是都具有一定的智力障碍和明显的异常行为，主要表现为在愤怒、恐惧或沮丧时表现出冲动攻击性。

精神病学界早已知道，大脑中的信使物质（如血清素或去甲肾上腺素）功能失常往往会引发异乎寻常的高度攻击性。这种功能失常是如何发生的？一种可能是，这些信使物质在完成从一个神经细胞向另一个神经细胞传递信息的工作后，没有被充分分解。为了确保这种分解，需要一种叫作单胺氧化酶A（简称MAOA）的蛋白质。当时人们已经知道哪个基因携带了产生MAOA的信息，因此，研究人员怀疑这些荷兰男子体内的这一基因可能存在缺陷，从而不再产生这种重要的蛋白质。随后的研究的确显示，这5个人的基因都有一个微小的缺陷，即点突变，导致无法生成MAOA。

以5个人为样本固然太少，无法从中得出一般性结论，也无法在这些人的大脑中直接测量血清素和去甲肾上腺素的新陈代谢，因此这方面的所有说法都是基于推测而非事实。即使在今天，人们仍然不清楚大脑究竟是如何借助神经递质来控制攻击行为的。不过，这项研究清楚地表明了基因是如何影响行为的：基因携带着生成蛋白质的信息，这些蛋白质触发或参与大脑控制行为的过程。即使有微小的变化，例如单个基因的点突变，也可能导致行为的严重改变。

之后，《科学》杂志又发表了一项研究，直接提到了前面讨论的结果，并很好地说明了在这一领域进行研究的逻辑框架。一个由美国、法国和瑞士科学家组成的研究小组想知道，消除 MAOA 基因是否真的会使大脑中血清素和去甲肾上腺素浓度发生预期的变化，并导致攻击性增强。当然，出于伦理原因，这类研究不能在人类身上进行。因此，研究人员选择以小鼠为模型进行研究。在基因工程方法的帮助下，他们有针对性地改变了这些动物的遗传物质，导致有关 MAOA 蛋白的基因不再起作用，小鼠的几千个其他基因没有受到这一改变的影响。不出所料，有缺陷的基因导致 MAOA 不再被生成。结果，大脑中的信使物质血清素和去甲肾上腺素的浓度急剧增加。伴随着这些变化，小鼠的攻击性明显增强。带有 MAOA 基因缺陷的小鼠群体经常互相撕咬，而带有完整 MAOA 基因的小鼠能与同类和平相处。如果带有 MAOA 基因缺陷的小鼠遇见不熟悉的同类，它们会立即攻击对方。如果 MAOA 基因完好无损，小鼠的行为就会更加克制。总之，这项研究证实了数千个基因中只要有一个发生变化，就会导致动物行为发生重大变化。

在过去的几十年里，人们清楚地认识到，单个基因不仅会对攻击行为产生严重影响，还几乎影响所有其他行为。例如，我们现在知道基因决定了动物早起还是晚起，还有一些基因会影响学习速度，母亲对后代的照顾程度，调节交配行为，以及与伙伴交流的友好程度等。

人们经常会问，从非人类动物身上取得的研究成果与从人类身上得来的成果有多大的可比性。事实上，在基因如何参与情绪的产生方面，人类与动物有着惊人的相似之处。20 多年前，维尔茨堡的神经科学家和精神病学家克劳斯 - 彼得 · 莱施（Klaus-Peter Lesch）及其同事研究了人体内一种基因的不同变体，这种基因携带着形成血清素转运体（简称 SERT）的信息。血清素转运体是一种蛋白质，能将已释放的血清素转运回神经细胞，使其在那里可以再次被释放。

研究人员发现，人类个体可以是两个长等位基因，两个短等位基因或一个短等位基因和一个长等位基因的携带者。短等位基因与 SERT 合成减少有关。SERT 基因结构的差异对情绪有明显的影响：SERT 短等位基因携带者比长等位基因携带者在很大程度上更容易焦虑。有趣的是，在恒河猴身上也发现了非常相似的 SERT 基因变体。与人类的结果类似，携带短等位基因的恒河猴也明显比携带长等位基因的恒河猴更容易焦虑。

为了更好地了解 SERT 基因为何对行为产生如此强烈的影响，研究人员下一步培育了所谓的 SERT 基因敲除小鼠。顾名思义，这意味着研究人员通过基因工程程序敲除了小鼠的 SERT 基因，即关闭该基因，从而使其不能再产生 SERT。如果让两只这样的 SERT 敲除的小鼠进行交配，它们的后代也不会拥有功能正常的 SERT 基因。另一方面，如果使一只 SERT 基因敲除小鼠与一只未经过基因改造的同种小鼠进行繁殖，其后代就会拥有一个有缺陷的 SERT 等位基因和一个功能正常的 SERT 等位基因。因此，通过巧妙的育种，可以培育出 3 种不同类型的后代：拥有一个功能正常的 SERT 等位基因的小鼠，拥有两个功能正常的 SERT 等位基因的小鼠，以及没有功能正常的SERT等位基因的小鼠。与此相对应，这3种小鼠的大脑里有大量的SERT、中等量的SERT或完全没有SERT。

对小鼠的详细检查初步表明，3种基因型的所有小鼠都很健康，发育正常，感官功能也很完善。然而，在我们团队对其行为进行进一步检查时，却发现了明显的差异：具有两个正常SERT等位基因的小鼠比具有两个存在缺陷的等位基因的同种小鼠更不容易焦虑。正常的小鼠更大胆地探索未知地形，更频繁地冒险进入开阔地带，并且能更快学会分辨哪些情况是危险的，哪些是安全的。而有两个有缺陷的等位基因的小鼠在同样的情况下会更容易焦虑，它们会避开明亮、没有保护的区域，而且它们需要更长的时间才能从记忆中抹去过去的负面经历。具有一个完整等位基因和一个有缺陷的基因的小鼠在其行为上一般介于其他两种基因型之间。因此，SERT基因对情绪和行为的影响在人类、猴子和小鼠之间表现出惊人的相似性。

此外，对SERT基因敲除小鼠的研究证实了基因与行为之间的关联方面的另一个重要观点，这个观点同样适用于人类和其他动物：单个基因通常不仅会对单个行为特征产生影响，还会影响多个不同的方面。SERT基因的变化会影响动物的焦虑、好奇程度，探索新环境的勇气，在与同类接触中的攻击性，对环境变化的应激反应，学会应对这些变化的速度，以及它们是偏乐观的还是偏悲观的。

基因能否决定行为

如果单个基因的变化在极端情况下，可以决定动物是温和的还是好斗的，焦虑的还是勇敢的，聪明的还是愚蠢的，那么问题就来了：基因是否能决定行为？或者换一种说法，难道最终不就是从父亲和母亲那里获得的遗传物质决定了后代的行为吗？在回答这个备受讨论的问题之前，让我们先明确以下几点：单个基因对行为有重大影响的研究结果，主要来自除单个基因以外一切条件都保持不变的研究。例如，如果想知道完全丧失 SERT 基因会产生什么影响，可以比较两组小鼠：一组小鼠的 SERT 基因功能正常，另一组小鼠的 SERT 基因有缺陷。但是，它们的其他基因没有任何差异，它们另外的一切特征也完全相同，包括性别、年龄，并且它们一生都生活在相同的环境条件下，吃同样的食物，环境温度恒定，每天早上 8 时开灯，晚上 8 时关灯。当我们在这些条件下对动物的行为进行测试时，结果确实表明单个基因的缺失对它们的行为有重大影响。

我们已经知道，反过来如果环境改变，而基因保持不变时，会发生什么情况。在上一章中我们了解了这个问题的答案，讨论了饲养环境如何影响行为和身心健康。如果基因、性别和年龄相同的小鼠生活在超级丰富化饲养环境或标准饲养环境中，它们的行为就会有天壤之别：在结构高度丰富化的环境中，小鼠会经常玩耍，彼此友好相处，几乎没有攻击行为，它们性格勇敢、学习速度快、记忆力好。而生活在单调的标准饲养环境中的小鼠则完全相反。由此可见，相同的基因并不会导致相同的行为。更准确地说，尽管小鼠的基因组成完全相同，但环境对小鼠的行为方式有着决定性的影响。

因此，基因是否能决定行为这个问题的答案非常明确：不能！虽然基因可以像环境一样影响行为，但并不能决定行为。归根结底，行为总是遗传倾向和环境相互作用的结果，借助新的研究成果，这几年来遗传倾向已经可以被追溯到每个基因的层面上。

基因与环境的相互作用

·“愚蠢”的和“聪明”的大鼠

环境和基因相互作用，形成了每种动物的典型行为——这种认识并不是什么新鲜事。早在1958年，《加拿大心理期刊》上就发表了一篇关于这一主题的杰出的研究报告，遗憾的是，这篇研究报告常常被人遗忘。研究对象是两个不同品系的大鼠，这两个品系的大鼠都是经过多代人工选育出来的，研究者进行选育的关键是大鼠学习能力的强弱。作为结果，当要求大鼠有目的地穿越迷宫而尽量少犯错误时，其中一个品系的大鼠因其基因组成表现“聪明”；另一个品系的大鼠则天生“愚蠢”，在寻找正确的道路时经常迷路。由此，两个品系的大鼠在学习能力上存在巨大差异——前提是所有大鼠都在正常环境中长大。

如果生活在单调、低刺激的环境中，那么两个品系之间就不再有任何显著差异。因为“基因聪明”的大鼠的学习能力会因为这些条件而急剧下降，“基因愚蠢”的大鼠的学习能力却没有进一步的下降。相比之下，有丰富刺激性的环境对“基因愚蠢”的大鼠的影响要明显强于对“基因聪明”的大鼠的影响。后者的学习能力几乎没有提高；而“基因愚蠢”的大鼠表现得相当“聪明”，它们犯的错误只比另一组多一点。如果对在低刺激条件下长大的“基因聪明”的大鼠与来自丰富化环境的“基因愚蠢”的大鼠进行比较，“基因愚蠢”的大鼠会变得比“基因聪明”的大鼠还要聪明。

这个例子表明，某些学习能力具有遗传倾向。然而，动物最终有多“愚蠢”或多“聪明”，则是遗传倾向和环境相互作用的结果。基因并不能决定大鼠的智力。

· 小鼠对阿尔茨海默病的启示

几十年后，对阿尔茨海默病的研究有力地证实，环境确实在决定遗传倾向的实现程度方面发挥着作用。在绝大多数情况下，人类的阿尔茨海默病并不主要由遗传导致。然而，有一种罕见的阿尔茨海默病，即所谓的家族性阿尔茨海默病，基本上是由遗传因素引起的。如果一个人的 APP 基因存在某些缺陷，那么几乎可以百分之百地肯定，这个人很早就会出现阿尔茨海默病的症状，致病性蛋白质会沉积在其大脑中，其智力会迅速退化。

小鼠通常没有存在缺陷的 APP 基因，也不会患上阿尔茨海默病。但是，加拿大科学家利用基因工程技术，将人类的缺陷基因加入小鼠的遗传物质中，之后小鼠大脑中形成的致病性蛋白质沉积物与阿尔茨海默病患者的蛋白质沉积物并无不同。

当科学家检查这些小鼠的认知能力时，发现了另一个与人类相似的地方：伴随着蛋白质沉积物而来的是明显较差的定向力和受损的记忆力。与人类一样，这种疾病的症状在成年后才出现，在幼年期和青少年时期，小鼠则完全健康，最初的发育很正常。后来研究发现，经过基因改造的小鼠的行为还具有阿尔茨海默病患者经常出现的其他特征：睡眠觉醒节律改变、多动现象和明显的刻板动作，应激激素的浓度也明显升高。总之，单个基因导致小鼠表现出与人类相似的症状和相似的发病时间及过程。

当这些研究成果发表时，我们正在研究超级丰富化的环境对小鼠行为和健康的影响。作为一个由大脑研究人员、医生和行为生物学家组成的跨学科团队，我们想知道结构丰富、变化多样的环境是否会对患有阿尔茨海默病的小鼠产生积极的影响，疾病症状的发生和发展是否由遗传倾向和环境的相互作用决定，而不是由有缺陷的APP 基因不可改变地注定了的。

值得庆幸的是，加拿大同事给了我们一些他们患有阿尔茨海默病的小鼠。通过有针对性的交配，我们首先建立了一个由这些小鼠组成的群体，然后研究了丰富化的环境是否真的会对它们产生积极影响。为此，我们对两组阿尔茨海默病小鼠进行了比较：其中一组生活在完全正常的标准饲养环境中，与在全世界范围内用于饲养小鼠的环境一样。另一组则生活在丰富化的笼子里，此外，笼子每天都会打开一扇门，让小鼠可以进入游戏室几个小时。在那里，它们可以找到各种各样的东西：跑轮、梯子、弯曲的管子、球或布块。为了提供更多的变化和刺激，这些用具每天都会更换。小鼠似乎很喜欢这样的生活环境，因为它们对所有的物品都玩得非常投入。

事实上，这种丰富的环境对大脑产生了极为积极的影响。医学系的同事们能够证明，与在标准饲养环境的小鼠相比，生活在有多样良性刺激的环境中的小鼠体内生成的致病性蛋白质沉积明显较少。不但如此，它们的大脑还产生了更多的新神经细胞，这些神经细胞被认为能够抵消阿尔茨海默病的负面影响。此外，各种保护神经细胞的机制也被激活。在行为方面，生活在丰富化饲养环境的阿尔茨海默病小鼠显然比生活在标准饲养环境的同种小鼠更具探索精神，它们探索未知地形的速度也快得多。此外，还有迹象表明它们的学习能力更强，这在其他研究小组的研究中得到了证实。

所以在这里也可以看到：某些特征的遗传倾向是一回事，这些特征的形成则完全是另一回事。尽管所有动物都拥有存在缺陷的APP基因，但最终还是遗传倾向和生活环境的相互作用决定了它们的发展过程。虽然充满变化多样的良性刺激的环境无法阻止阿尔茨海默病的发展，但这种环境在减缓这些症状方面非常有效。

接下来，我们想知道如果不仅为阿尔茨海默病小鼠提供一个可以进入游戏室的丰富化笼子，还为它们建造一个仓棚，会发生什么情况，这样一个宽敞的、近乎自然的生活空间会不会导致阿尔茨海默病的症状消失。我的同事拉尔斯·莱维约翰（Lars Lewejohann）开始通过一系列研究来回答这个问题。

首先，他建造了一个底面边长约3米、高度2米多的大型围栏，其中用梯子和绳索连接5个层面。地板上和5个层面上摆放着许多物品，如塑料插件、管子、筑窝的箱子、砖块及纸巾。房间里到处散落着装满食物的碗和饮水瓶。围栏里有大约30只雄鼠和雌鼠，它们自从出生起就生活在围栏里，其中近40%小鼠拥有变异的APP基因，其余的小鼠基因相同，但不携带“阿尔茨海默病基因”。一些不知道哪些小鼠携带“阿尔茨海默病基因”的经验丰富的观察者非常详细地记录了所有小鼠在大约450小时内的行为。

然而，脑部检查得出了令人失望的结果：就算生活在这种充满良性刺激、近乎自然的环境中，也丝毫不能阻止致病性蛋白质沉积物的形成。与此相反，与始终生活在单调的标准饲养环境中的同类相比，这些小鼠脑内形成的沉积物甚至更多。对小鼠行为的评估揭示了一个惊人的现象：在脑部检查中显示出严重的阿尔茨海默病病变的、拥有存在缺陷的 APP 基因的小鼠，其行为与没有“阿尔茨海默病基因”的同类几乎没有区别。在成年期，它们在食物摄入、身体卫生、筑窝能力与健康的同类没有任何差异，在社交行为和攻击行为方面也几乎没有区别。两组小鼠对环境的兴趣非常相似，值得注意的是，没有任何小鼠出现刻板动作等行为障碍。一些阿尔茨海默病小鼠甚至成功地占据了群体中的最高统治地位，并成功地捍卫了自己的领地。随后的研究在全自动系统的帮助下，对所有小鼠的行为进行了每周 7 天、每天 24 小时的分析，并且证实了这些发现。与此相对应的是，阿尔茨海默病小鼠的应激激素浓度与健康的同类并无不同。

总之，虽然小鼠具有阿尔茨海默病症状的遗传倾向，虽然它们大脑中有大量致病性蛋白质沉积，但当它们生活在近乎自然的环境中时，其行为不会被阿尔茨海默病影响。目前还不能确定出现这种情况的原因。不过，能明白的是，在刺激性环境中的积极生活方式可能会导致身体产生大量新神经细胞，这些细胞随后被作为所谓的“认知储备”来对抗阿尔茨海默病。当然，这些结果无疑再次表明行为不是由基因决定的，而是遗传倾向和环境相互作用的结果。

· 血清素转运体基因给我们的启示

关于血清素转运体基因的研究是关于人类和其他动物在基因、环境和行为之间的关联方面的最好例子之一。前文已经介绍到血清素转运蛋白（SERT）是一种蛋白质，它将释放的血清素运输回细胞，从而参与决定血清素在大脑中能够发挥多少作用。SERT的产生量主要取决于SERT基因的性质：如果该基因携带的信息是产生少量SERT，那么与其携带信息是产生大量SERT的情况相比，拥有前者基因信息的人类、猴子和小鼠更容易焦虑，更容易出现抑郁症状。

但是，正如阿夫沙洛姆·卡斯皮（Avshalom Caspi）及其同事在2003年进行的一项开创性研究所证实的那样，即使是这种基因也不对行为的改变具有决定性作用。在这项研究中，约1 000名26岁的人被问及他们在过去5年中是否经历过严重的压力，如果经历过，其压力程度有多大，包括工作、人际关系、健康及财务等方面的危机。他们还被问及在过去一年中是否经历过抑郁，是否被诊断出患有真正的抑郁症，以及是否有过自杀的念头。最后，研究者对所有参与者都进行了检查，以确定他们是否是两个短SERT等位基因、两个长SERT等位基因或一个短SERT等位基因和一个长SERT等位基因的携带者。通过分析，我们得出了非常有趣的结果。

首先，无论SERT基因的特性如何，在过去5年中几乎没有经历过任何严重压力的人，仅报告了少量抑郁症状，这一点不足为奇。在这种情况下，心理健康恶化的程度在很大程度上取决于SERT基因。当经历了4次或4次以上的严重压力时，两个短SERT等位基因携带者自述出现抑郁症状的频率是两个长等位基因携带者的两倍。与此一致的是，被诊断为真正抑郁症的次数也是后者的两倍。最后，有两个短等位基因的人考虑自杀或企图自杀的可能性是两个长等位基因携带者的3倍多。拥有一个长等位基因和一个短等位基因的人表现如何？正如预期的那样，他们的表现介于两个短等位基因携带者和两个长等位基因携带者之间。总之，这项研究深刻地表明，是基因和个体经历的相互作用塑造了情绪和行为。

针对小鼠的研究以令人印象深刻的方式证实了这些联系。我们团队的丽贝卡·海明比较了怀孕和哺乳期间生活在危险环境或安全环境中的母鼠的后代。她模拟危险环境的方式是每隔一段时间将未知的雄性小鼠引入围栏，这是因为行为生态学研究表明，未知的雄性小鼠会造成严重威胁，并经常杀死新生小鼠；通过放入垫草，她相应地模拟了安全的环境。在研究中，丽贝卡·海明让拥有一个完整的 SERT 等位基因和一个存在缺陷的 SERT 等位基因的雄性小鼠和雌性小鼠交配。因此，在同一窝小鼠中可以找到 3 种不同基因型的后代：拥有一个完整 SERT 等位基因的小鼠、拥有两个完整 SERT 等位基因的小鼠，及不拥有完整 SERT 等位基因的小鼠。

实验结果表明，小鼠母亲的经历对后代的焦虑感和探索意愿有很大影响。与来自安全环境的母亲相比，如果母亲生活在危险的环境中，它们的后代就会更加焦虑，更不愿意探索。同时基因型也起着决定性作用：如果后代拥有两个存在缺陷的 SERT 等位基因，它们就会比拥有一个或两个完整的 SERT 等位基因的后代更焦虑。此外，基因型还影响后代行为受母体环境影响的程度：如果后代没有完整的 SERT 等位基因，那么它们受到来自母体环境的影响就会特别大。与卡斯皮及其同事在人类身上进行的研究类似，小鼠对困难情况的反应也取决于它们的 SERT 基因。至此，我们再一次认识到个体经历和 SERT 基因的相互作用塑造了情绪和行为。

第一眼看上去，拥有产生少量 SERT 的基因似乎是不利的。因此，人类的短 SERT 等位基因通常被称为焦虑症的危险等位基因。正如我们所看到的那样，这些等位基因的携带者患焦虑症和抑郁症的风险比拥有两个长 SERT 等位基因的人更大。SERT 基因的差异并不仅仅存在于人类身上。在某些猴子的自然种群中，也有分别具有两个短 SERT 等位基因、两个长 SERT 等位基因或一长一短两种 SERT 等位基因的个体。携带两个短 SERT 等位基因的猴子与拥有长等位基因的同类之间的差异，与具有这些不同基因变体的人类相似。

从进化生物学的角度来看，那些只对个体产生负面影响的特征应该会在自然选择的作用下逐渐从种群中消失。然而，短 SERT 等位基因并没有消失。这就意味着，这些等位基因的携带者也一定具有某种优势。关于这一点，美国发展心理学家杰伊·贝尔斯基（Jay Belsky）提出了一个令人兴奋的问题："短 SERT 等位基因会不会不只使其携带者容易受到负面事件的影响，还会导致这些人对正面事件的反应更强烈？"如果答案是肯定的话，短等位基因携带者会在一个对自己不利的世界中处于劣势，而在一个让人愉快的环境中处于优势。

最近，越来越多的证据表明情况确实如此。例如，在卡斯皮的研究中，两个短 SERT 等位基因的携带者如果经历过很大的压力，就最有可能出现心理问题；但当他们的生活中没有重大压力时，他们是问题出现最少的人。同样，如果拥有两个短 SERT 等位基因的人与拥有两个长 SERT 等位基因的人都经历过一系列同样的负面事件，那么拥有两个短 SERT 等位基因的人会比后者表现出更多异常行为。然而，愉悦的生活会产生恰恰相反的效果：经历了同样的愉快的生活后，短等位基因携带者会比长等位基因携带者更正常。

这些结果支持了杰伊·贝尔斯基几年前提出的一个非常明智的建议：短 SERT 等位基因不应再被视为危险基因，甚至是疾病基因，而应被视为可塑性基因。因为一个显而易见的事实是，人类和动物的 SERT 基因会很普遍地影响其携带者受环境事件影响的程度。

表观遗传学

直到几年前，当涉及基因和行为之间的关系时，还存在着一个不可更改的教条，那就是基因影响行为，但行为不影响基因。这是什么意思呢？原则上，后代从父亲和母亲那里各继承了一个基因的等位基因。正如我们所看到的，在相同的环境中，即使这些等位基因的性质只有细微差异，也会使后代变得更"愚蠢"或更"聪明"，更有攻击性或更温和，更焦虑或更勇敢。这里的影响方向显然是从基因到行为。

然而，无论基因如何，后代的生活经历可能非常不同：他们可能在充满正面刺激的环境中学到很多东西，也可能在单调的环境中变得愚蠢。他们或许经常卷入争吵，经历很多攻击行为，也可能在和平的环境中过着没有攻击行为的生活。他们可能有积极的经历并因此变得更加勇敢，也可能经历失败并因此变得更加焦虑。

长期以来，人们一直认为这种经历不会导致基因的变化，因此不会遗传给下一代。换句话说，一个具有两个短 SERT 等位基因的孩子有焦虑的倾向，但是，通过适当的经历，这个孩子仍然可以变得非常勇敢。然而，这些经历并不会导致短 SERT 等位基因变成长 SERT 等位基因。当这个孩子长大并繁衍后代时，他将再次把短 SERT 等位基因遗传给他的孩子，从而把焦虑倾向遗传给他们，尽管他自己本身可能已经成为了一个非常勇敢的人。从基因到行为的路径似乎是一条单行道，通过经验改变基因并将改变的基因遗传下去似乎是不可能的。但蒙特利尔大学的生物学家迈克尔·米尼（Michael Meaney）和他的研究小组并不认为答案就是如此，他们就此展开了研究。

这些科学家研究了大鼠哺育幼崽的行为。他们注意到，有“好”母亲和“坏”母亲。“好”母亲会悉心照料自己的后代，它们会坚持不懈地舔舐清洁幼鼠；而“坏”母亲对幼崽的照顾程度只有“好”母亲的一半。有趣的是，这些特征代表了稳定的性格特征：那些曾经是“好”母亲的雌鼠一直都会是“好”母亲，“坏”母亲的情况也是如此。

不同程度的哺育行为对后代有明显的影响：与“坏”母亲的后代相比，“好”母亲的后代更勇敢，学习能力更强，激素应激反应明显更弱。通过交换实验可以证明，确实是母亲的行为导致了这些巨大的差异：如果“坏”母亲的幼崽是和“好”母亲一起长大的，那么它们与和“好”母亲一起长大的亲生幼崽没有任何区别；相反，如果“好”母亲的幼崽是由“坏”母亲抚养长大的，那么它们就与“坏”母亲的后代具有相同的特征。这样就出现了一个问题：母亲的行为是如何对其后代的行为特征产生如此巨大的影响的？要想理解迈克尔·米尼发现了一个多么具有轰动性的答案，我们需要先简单回顾一下基本的分子遗传学知识。

众所周知，脱氧核糖核酸（简称 DNA）是遗传信息的载体，由两条螺旋缠绕的多脱氧核苷酸链组成，构成双螺旋结构。各个基因可以看作是 DNA 的不同部分，与整个 DNA 一样，它们由 4 种不同的基本构件组成，这些构件一个接着一个，排成一长列。这些基本构件是含有腺嘌呤、胞嘧啶、鸟嘌呤或胸腺嘧啶 4 种碱基之一的核苷酸，这 4 种碱基的缩写分别为 A、C、G、T，它们一起构成了基因"字母表"的字母。在每个基因中，由这 4 个字母组成的长序列都携带着形成某些物质的信息，这些物质对生物体的构造、维持和正常运作十分重要。每个基因都有不同的字母组合，形成编码不同的物质，这些物质可以是作为催化剂启动体内重要过程的酶，可以是赋予细胞形状和强度的结构蛋白，还可以是作为保护物质对抗入侵体内的病原体的抗体。

影响行为的物质的构建指令也编码在基因中。我们已经了解了 2 个基因的例子：SERT 基因和 MAOA 基因。其他还有携带激素形成信息的基因，与大脑中的携带激素受体形成信息的基因。后者是激素与之结合的对接点，从而可以影响行为。

迈克尔·米尼和他的同事能够证明大鼠母亲哺育幼崽的行为改变了其后代大脑中某些基因的精细结构，这些基因携带有关行为执行和应激反应严重程度的重要信息。虽然这些基因中的碱基核苷酸序列保持不变，但增加了甲基。这些微小的附着物就像是处于关闭位置的开关一样，确保了这些基因的活性被下调。其中一个基因受到的影响尤为严重，该基因携带形成一种重要激素受体的信息。如果母亲对后代照顾不周，就会在这个基因上形成开关，使其部分失活。这会在大脑中引发一系列反应，使后代长期处于更加焦虑、应激水平更高的状态。

大鼠母亲的照顾行为对其雌性后代如何对待自己的下一代也有重大影响。“好”母亲的雌性后代更有可能成为“好”母亲，会对自己的后代悉心照顾；“坏”母亲的雌性后代则更可能成为“坏”母亲，很少照顾自己的后代。这反过来又导致上述基因在下一代中也处于关闭状态。因此，“坏”母亲的幼崽又比“好”母亲的幼崽更加焦虑，其应激水平也更高。总之，这些研究的结论几乎令人难以置信：经历会导致后代中单个基因的精细结构发生变化，这种变化会代代相传，从而对行为产生重大影响。基因精细结构发生改变，而碱基对序列没有改变的这种现象被称为“表观遗传变化”。如果这些变化从一代传递到另一代，则被称为“表观遗传”。

最近，美国的布莱恩·迪亚斯（Brian Dias）和克里·雷斯勒（Kerry Ressler）在一项引人注目的研究中证明了，即使子女与曾有过某种经历的父母之间没有任何联系，这种经历也有可能代代相传。

首先，研究人员通过训练使雄性小鼠避开一种特殊的芳香物质。然后，他们让这些雄性小鼠与从未接触过这种芳香物质的雌性小鼠交配。雌鼠怀孕后生下后代，并在没有父亲在场的情况下抚养后代长大。后代成年后，研究人员测试了它们对不同芳香物质的反应。结果虽然令人难以置信，但却是真实的：即使这些小鼠像它们的母亲一样，以前从未接触过这种物质，它们还是会和它们父亲一样，对上述的特殊芳香物质非常敏感，而对其他芳香物质反应正常。即使是再下一代的小鼠，它们对祖父辈避免接触的芳香物质也同样非常敏感。

这是因为芳香物质引起的负面体验导致小鼠祖父辈精子中的一个基因发生了改变，该基因编码形成负责感知上述芳香物质的受体。同样，在这种变化中受影响的不是碱基核苷酸序列，而是正如在迈克尔·米尼的研究里出现的情况一样——该基因发生了表观遗传变化，然后通过交配，以变化后的形式传给了下一代。在后代的嗅觉系统中，改变后的基因会形成许多上述芳香物质的受体。

如今越来越多的研究证明了对行为有重要影响的表观遗传变化的存在。多种证据表明，行为特征的表观遗传具有跨代性，“后天行为特征不能遗传”的教条似乎已被推翻。仍令人感兴趣的问题便成了这种表观遗传究竟有多普遍。未来的研究将会说明这一点。

结论

从古典动物行为学派与行为主义学派关于行为在多大程度上是天生的，又在多大程度上是后天通过学习获得的争论，到今天关于环境和基因在行为的发展和控制中的相互作用的辩论，我们已经走过了一段漫长的路。有一点是明确的：行为的差异既可以由基因造成，也可以由环境造成。在稳定的环境中，即使是单个基因的微小变化也会导致行为的巨大变化。另一方面，即使是基因完全相同的个体，不同的环境也会导致完全不同的行为。通常，行为源于基因和环境的相互作用，而这种相互作用现在可以被追溯到单个基因的层面上。

与此同时，基因组的表观遗传变化正越来越多地成为研究的焦点。在某些情况下，表观遗传甚至会导致后天形成的行为特征代代相传。人们才刚开始理解环境与基因之间的这种极为复杂的相互作用，破译它们之间的联系无疑是当前行为生物学中最令人兴奋的挑战之一。

第五章

聪明的狗
和智慧的乌鸦

所有动物都会学习，
许多动物具有思考能力，
有些动物还能识别自己

正如我们在上一章中所看到的一样，本能和学习、遗传和后天学习，这些因素以复杂的方式相互作用，产生了每个物种和个体特有的行为。到目前为止，我们谈论的都是一般意义上的学习：小鸭子在孵化后学习跟随谁，斑胸草雀学习它们未来的交配伴侣应该具备哪些特征，豚鼠学习如何与同类相处，长尾黑颚猴学习对应豹子和老鹰的分别是哪种警告声，鸽子杰克和吉尔甚至能利用学习到的符号高效地进行“对话”。在本章，我们将深入探讨动物的认知能力。动物是否不仅会学习，还会思考？它们是否能被证明是像人类一样具有自我意识的？

天才边境牧羊犬里科

1999 年，数百万名观众惊讶地看着名为“里科”的边境牧羊犬在电视节目“想挑战吗”中出现，并且意识到动物拥有惊人的学习和记忆能力。里科是苏珊娜·鲍斯（Susanne Baus）家 5 岁大的边境牧羊犬。它的任务是从 77 个不同的玩具中准确地挑选出被主持人选中的一个。主持人会先从玩具中选择一个，并告诉苏珊娜·鲍斯。接着，苏珊娜·鲍斯会向里科喊出被选中的玩具的名字。当她说：“里科，雪人在哪里？快去找！快去找！”里科便开始一个接一个检查这些玩具。发现雪人后，它立即用嘴衔住雪人，并把雪人送到主人身边。第二次、第三次、第四次……里科每次都能准确无误地找到正确的物品。里科显然已经学会了给物品配上单词，并根据主人的呼唤找到它们。据鲍斯一家称，里科知道 200 多个玩具和球的名称，并能根据命令把这些物品拿过来。

然而，行为研究的历史告诉我们，在评估动物的认知能力时要保持谨慎。正如我们在第一章中已经介绍的那样，“聪明的汉斯”能够解答简单的算术题其实是因为观察到人类的反应，而不是真的会做题。因此，莱比锡马克斯·普朗克进化人类学研究所的朱莉娅·菲舍尔（Julia Fischer）和她的团队想知道这只边境牧羊犬是否真的拥有惊人的学习和记忆能力，或者这些现象是否可以用在场人员的无意识帮助（“‘聪明的汉斯’效应”）来解释。

在受控条件下进行的第一次实验中，里科认识的200件玩具被随机分成20批，每批10件。当苏珊娜·鲍斯和里科在一个房间里等待时，研究人员将第一批的10件物品分开放在隔壁的实验房间里。然后，研究人员让苏珊娜·鲍斯指示里科从放置了玩具的房间里依次拿取两个随机选择的玩具。当里科寻找正确的玩具时，房间里没有任何人知道答案。实验以完全相同的方式，使用其他19批玩具重复进行。总之，在20次试验中，里科的任务是从总共200件物品中根据命令找到并取回正确的玩具40次。这只天才般的边境牧羊犬实际上成功了37次。对“聪明的汉斯”进行的科学验证表明，这匹马不会计算。但对里科进行的科学验证显示，这只边境牧羊犬真的学会了给200个物品配上正确的名称。这是一项了不起的能力!

这种能力在动物界并不是独一无二的。类人猿、海豚、海狮和鹦鹉在人类照料者的训练下，通过高强度的长时间练习，也能学会为物品配上单词——这些动物也拥有类似的广泛词汇量。据鲍斯一家说，里科每天要练习4~6小时。而另一条边境牧羊犬贝琪的词汇量似乎打破了记录，达到了令人难以置信的340个单词。

莱比锡团队在第二次实验中证明，里科的学习能力绝非简单训练的结果。相反，这只边境牧羊犬使用了一种长期以来被认为只有人类才能掌握的巧妙学习方法——快速映射。利用这种方法，24 月龄的幼儿平均每天可以学习 10 个新词。

在这次实验中，研究人员在隔壁的房间里放置了 8 个不同的物品，其中 7 个是里科熟悉的，第 8 个物品里科从未见过，因此不知道它的名称。在第一轮，主人要求里科寻找它熟悉的物品并把物品从放置玩具的房间拿回初始房间，里科一如既往地顺利地完成了任务。然后，在第二轮或第三轮中，主人说出了一个里科完全不知道的词，并让它去拿取那个物品 :“里科! 某某物品在哪里?”然后，里科跑进隔壁的房间，看了看所有 8 个物品，选择了不认识的那个物品，并把它拿给了自己的主人。在总共 10 轮中，每轮有 7 个已知物品和 1 个未知物品，里科在这 10 轮中，有 7 次取回了未知物品。很明显，里科能够通过排除法将新词与未知物品联系起来——它不认识的物品一定是它主人提到的物品。

随之而来的令人兴奋的问题是，虽然里科只听过一次新单词，或只见过一次新物品，但它能记住这两者之间的联系吗? 令人惊讶的是答案是肯定的，它能记住——尽管它的记忆并不完美。实验进行 4 周后，一个已被里科确认为未知的物品，4 个已知物品，以及 4 个未知物品一起被放在一个房间里。之后，主人让里科去拿那个被里科确认为未知的物品。在过去的 4 周里，里科没有见过这个物品，也没有听说过它的名称。尽管如此，它仍能在一半的试验轮次中取回正确的物品。在快速映射过程中，它学会了将新词汇归类为未知物品，并将其储存在记忆中，而且在 4 周后仍能以惊人的正确率取回物品。因此，里科在实验中的成功率完全符合发展心理学家为 3 岁儿童所确定的范围。

毫无疑问，里科能够掌握复杂的学习过程。行为学研究认为动物会学习，但这究竟是什么意思呢？一般来说，学习被视为个体根据经验改变行为的能力。学习能使动物自己的行为适应环境条件，因此，学习在动物界中广泛存在，甚至在简单的无脊椎动物中也存在学习行为。学习总是与记忆密切相关，因为只有当学习的结果可以被储存下来，并在需要时重新获取时，学习才会导致行为产生改变。我们可以进一步区分不同复杂程度的学习形式，例如，通过快速映射的方式将新词汇与未知对象联系起来，就像我们在里科身上看到的那样——这是一个非常复杂的学习过程，只有在大脑高度发达的少数动物中才有可能出现；相比之下，简单的学习则是大多数动物在很短的时间内就能明白的，例如，在哨声响起之后，就会开始进行进食。

一种简单的学习形式——习惯化

我们所知道的最简单的学习方法就是习惯化。严格来说，在习惯化过程中，动物并没有学习到新的行为反应，而是失去了已有的行为反应。如果对动物造成影响的刺激没有伴随任何后果，即既没有积极的后果，也没有消极的后果，那么动物对这种刺激的反应就会逐渐变得越来越弱。例如，如果一只蜗牛爬过玻璃板，然后有人在玻璃板上敲了一下，蜗牛就会立即缩进壳里。过了一会儿，它便会继续前进。如果你再次敲击玻璃板，蜗牛会再次缩进壳里。不过这一次，它不会等待那么长时间才出来了。如果你继续这样做，蜗牛缩进壳里的时间会越来越短，直到蜗牛对敲击刺激不再有反应。它已经对此习以为常了。换句话说，它已经知道敲击刺激不会伴随任何后果。在一项研究中，每天让苍头燕雀看见一只活的猫头鹰，每次持续 20 分钟，苍头燕雀的反应与上述的蜗牛完全相同。在看到猫头鹰的第一眼时，苍头燕雀就发出许多告警声来警告同类。然而，在假想敌没有任何反应后，它们的发声频率逐日下降。10 天后，苍头燕雀几乎不再理会猫头鹰了。它们已经了解到，猫头鹰并不是一个生物学意义上的刺激物。

这种习惯性反应在动物界非常普遍。虽然乍看之下这样的学习可能平淡无奇，但它们给动物带来了巨大的好处：习惯性反应有助于避免不必要的行为，从而大大节省能量，把精力集中在生活中最重要的事情上。这种习惯化的学习也解释了为什么大多数稻草人只能在短时间内有效果。

联想学习——经典条件反射

通常，我们将“学习”一词与获得新的行为反应联系在一起，这适用于迄今为止在人类和其他动物中研究得最为透彻的一种学习形式——联想学习。一般来说，联想学习意味着将以前无关紧要的刺激或偏于微不足道的行为反应与奖励或惩罚联系起来。通过这种方式，动物可以了解到哪些以往的中性刺激是重要的，以及哪些行为与哪些后果相关联。

最著名的联想学习形式便是经典条件反射。它与俄罗斯科学家伊万·彼得罗维奇·巴甫洛夫（Ivan Petrovich Pavlov）密不可分。巴甫洛夫是一名医生，曾经主要研究消化腺。在对狗进行检查时，他注意到狗不仅在被喂食时会分泌唾液，在听到脚步声接近狗舍时它们也会分泌唾液。这一观察启发巴甫洛夫进行了著名的实验：第一步，给狗喂定量的食物，并确定它分泌了多少唾液；第二步，在同样的情况下，铃声响起，但没有食物，不出所料，这种情况不会引发任何唾液分泌；第三步，同时出现食物和铃声，狗就会像第一次一样再次分泌唾液；如果食物和铃声重复同时出现，那么在第四步中，仅凭铃声也会引发狗分泌唾液。狗学会了通过分泌唾液来对以前的中性刺激——也就是铃声做出反应。就这样，中性刺激变成了条件刺激，而食物相应地被称为非条件刺激。

这种经典条件反射的基本特征是在奖赏（这里指食物）和条件刺激（这里指铃声）之间形成联想。大量研究表明，在动物所处的环境中，几乎任何刺激都可以成为条件刺激，并引发条件化的行为反应。巴甫洛夫的狗不仅学会了对声音做出分泌唾液的反应，这种反应也很容易通过视觉信号（如点亮一盏灯）使其条件化。许多动物也很容易对嗅觉刺激产生条件反射。

当非条件刺激紧随着待条件化的刺激出现，或两者同时出现时，才能达到最佳学习效果。这是不无道理的，因为在巴甫洛夫的实验中，如果在给狗喂食之前几个小时或之后几个小时才响起铃声，狗肯定不会产生任何联想。我们同样可以凭着直觉理解，如果长期缺失非条件刺激，条件反射就会逐渐减弱，以至于条件刺激最终将不再能引发条件反射。

条件反射不仅可以通过奖励或人们常说的正强化来激发，也可以通过惩罚，即负强化来激发。如果一只狗的脚受到轻击，它就会抬起爪子。如果它在这一过程中听到某个音调，并重复该过程数次，那么一段时间后，单凭该音调就能激发狗的这种反应。

如果巴甫洛夫的狗对 1 000 赫兹的音调形成了条件反射，那么它不仅会对这一频率的音调产生反应，还会在 1 020 赫兹的音调响起时分泌唾液。这种将类似刺激纳入条件反射的现象被称为泛化。在这种情况下，与狗已形成条件反射的音调越相似，唾液分泌反应就越强，而与上述音调越不同，唾液分泌反应就越弱。从这些不同的反应中，我们也可以得出合乎逻辑的结论：狗能够区分 1 000 赫兹和 1 020 赫兹的音调，若不然，它则会对这两种音调做出相同的唾液分泌反应。如果现在只奖励对 1 000 赫兹的音调做出反应的狗，而不奖励对 1 020 赫兹的音调做出反应的狗，那么一段时间后，狗就会只对 1 000 赫兹的音调做出反应。如果我们使这些音调越来越接近，就能确定狗能区分出的音调的最小差异值。借助这样的“条件辨别”，我们可以得知动物的感知能力，以及它们感知能力的极限所在。

100 多年前，弗里希就曾使用条件反射实验来研究蜜蜂是否能看到颜色。当他把装有糖溶液的玻璃碗放在黄色纸板箱上喂给蜜蜂时，蜜蜂很快就会把黄色与食物联系起来。因此，与背景为蓝色、绿色或紫色的容器相比，它们更喜欢背景为黄色的容器。另一方面，如果蜜蜂对蓝色产生了条件反射，它们就会从此偏爱这种颜色。借助经典条件反射理论，弗里希毫无疑问地证明了与当时大众接受的理论完全相悖的事实：蜜蜂能看到颜色，它们绝不是色盲！

与此相对应，一个简单的条件反射实验也可以证明金鱼能够听到声音。如果我们站在池塘边吹口哨，金鱼不会有任何反应。当我们把鱼食撒在水面上，过一会儿金鱼就会游过来抢食。如果在接下来的几天里，每次喂食前都大声吹口哨，那么这些鱼最终也会在只有哨声，而没有食物的情况下游过来。由此可见，金鱼一定能够听到声音，否则就不可能让它们对哨声产生条件反射。

巴甫洛夫所描述的条件反射在动物界非常普遍，从无脊椎动物到黑猩猩都是如此。部分拟态——对信号的欺骗性模仿，也基于这种学习过程。例如，鸟类并非天生就知道北美帝王蝶这种色彩艳丽的蝴蝶是不可食用的，当它们吃了这种蝴蝶产生了呕吐和恶心，再重复上几次这样的经历，它就学会了要避开所有长得与这种蝴蝶一样或者相似的蝴蝶。有趣的是，还有一种蝴蝶与帝王蝶长得非常相似，但与帝王蝶不同的是，它对鸟类来说是可以食用的。不过，有过吃帝王蝶的不愉快经历的鸟，也会对这种无毒的蝴蝶敬而远之。因此，借助于经典条件反射过程，这种蝴蝶从模仿“危险”物种的外表中获益，尽管它本身并没有危险。

联想学习——操作性条件反射

除经典条件反射以外，联想学习的第二种重要形式是操作性条件反射，它主要与美国心理学家伯尔赫斯·弗雷德里克·斯金纳（Burrhus Frederic Skinner）联系在一起。在经典条件反射中，新的刺激与现有的反应有关，而在操作性条件反射中，动物会在学习中意识到，某个最初随机的行为与奖励有关，因此它们会为了达到目标而做出该行为。这种学习形式可以在一些研究中得到很好的说明，这些研究主要是在所谓的斯金纳箱中对大鼠和鸽子进行的。斯金纳箱是一种装置，其中有一个杠杆或一个圆盘。如果动物按下杠杆或啄击圆盘，它们就会从放置在装置另一处的喂食器中得到食物。当大鼠第一次被放入这样的装置中时，它会四处走动，探索环境并进行各种行为。有时它会随机地按下杠杆，然后它会随机地找到一粒食物。一段时间后，大鼠就会明白按下杠杆和食物奖励之间存在关联。即使它第一次按下杠杆是偶然的，从那以后，它就会有目的性地用这种行为来获取食物。

因此，操作性条件反射也被称为“试错学习”或“从成功中学习”。原则上，操作性条件反射会导致某种与奖励相关联的行为越来越频繁地重复出现，而另一种没有得到奖励强化的行为则越来越被淡化。为了在行为和奖励之间形成联想，一般来说，在做出行为之后必须尽快地进行奖励。如果时间间隔太长，就不会出现学习效果。斯金纳发现，如果按下杠杆和获得食物奖励之间的时间间隔超过 8 秒，学习成功的概率就会迅速下降。

然而，也有一些值得注意的例外现象，例如，当野生大鼠发现不熟悉的食物时，它们一开始吃得很少，然后等着看自己是否感到不适。如果它们没有感到不适，它们就会在接下来的晚上越来越多地吃这种食物，直到最终吃下正常的分量。即使过了几个小时，它们仍然能建立起吃某种食物与自己开始感到不适之间的关联。但是，如果它们在任何时候察觉到不适的感受，它们就会从那时起一直避免吃这种食物。这些观察结果表明，在某些情况下，即使过了相对较长的时间，某种动物也会在行为和后果之间建立联想。

此外，这个例子还说明，通过操作性条件反射，动物不仅能学会哪些行为会带来奖励，还能学会如何避免不愉快的情况或危险。与经典条件反射一样，操作性条件反射的学习成果也必须在一段时间内一次又一次地得到确认。例如，我们设想一只大鼠学会了按下杠杆以获得食物奖励。即使每按 1 次，每按 10 次，甚至每按 100 次只能得到一粒食物，它也会坚持按下杠杆。但是，如果大鼠无论怎样按杠杆，也无法得到任何奖励，它最终将在某个时刻完全停止按杠杆。

通过操作性条件反射进行学习对动物来说相当重要。这种学习形式在寻找食物、学习社会规则、完善某些行动过程或开辟新的栖息地方面发挥着至关重要的作用。归根结底，这种学习形式有助于建立最初需要进行尝试的动作序列。我们会对人工饲养环境里的某些动物进行训练，这种训练在很大程度上也是以操作性条件反射为基础的。

动物会思考吗

几十年来，关于动物如何学习以及学习什么的研究几乎完全集中在条件反射过程上。正因为如此，这种学习形式如今已被研究得很彻底，其神经元和分子基础也已被破解。然而，由于这样的聚焦效应，随着时间的推移，人们也可能会产生这样一种印象，即条件反射是动物除习惯化之外掌握的唯一学习形式。至于动物是否拥有更高级的认知能力的问题，则被忽视甚至经常在没有开展相应研究的情况下被否认。1984 年，美国动物学家唐纳德·格里芬（Donald Griffin）出版《动物思维》一书后，这种状况才发生了变化。在这本书中，格里芬认为一些动物可能具有思考能力，甚至可能拥有某种形式的意识。因此他表示，是时候对这些心理过程进行科学研究了。在随后的几年里，越来越多的科学家响应了这一号召，对动物认知能力的研究也因此迎来了一次真正的热潮，这一热潮至今仍在继续，并推动创立了行为生物学的一门新学科：动物认知学（认知生物学）。然而，早在这本著作出版之前，就已经有人进行过关于这一课题的开创性研究。

第一次世界大战前不久，沃尔夫冈·柯勒（Wolfgang Köhler）成为了隶属于普鲁士科学院的特内里费岛类人猿研究站站长。从 1914 年到 1917 年，他在那里研究类人猿的“智能行为”，并想知道这些动物是否也能像人类一样，对某些情况表现出洞察力，并通过思考来解决问题。他最著名的研究涉及黑猩猩使用工具的情况，而且他是最早使用拍摄技术记录研究结果的人之一。在一项实验中，他将一根香蕉放在一群黑猩猩的围栏外。黑猩猩注意到了这根香蕉，并试图通过栏杆拿取它，但由于距离太远而无法成功拿到。围栏里有几根黑猩猩偶尔玩耍的管子。突然，柯勒的黑猩猩中最聪明的黑猩猩苏丹拿起两根不同的管子，把较细的管子插进较粗的管子里，然后向栏杆走去。它有目的性地把延长的管子当作工具，以便把香蕉拨向自己。显然，它已经意识到了问题所在，并通过富有洞察力的行为解决了问题。

第二项实验表明，黑猩猩苏丹的确能通过它的洞察力解决问题。柯勒在围栏里挂了一根香蕉，香蕉挂得很高，黑猩猩够不着。起初，黑猩猩们试图通过跳跃来拿到香蕉，但没有成功。围栏里还放着几个大小不一的箱子。还是苏丹拿起其中一个箱子，直接拉到香蕉下面，然后爬上箱子。但它发现自己仍然够不着香蕉，于是苏丹又拖来第二个和第三个箱子，把这些箱子叠在一起，爬到摇摇晃晃的箱子上，然后一跳就够到了香蕉。苏丹又一次通过聪明的行为解决问题，实现了自己的目标。从今天的角度来看，沃尔夫冈·柯勒的研究代表了动物认知研究的开始。通过柯勒的研究，我们首次可以证明，动物原则上不仅能够通过试错进行学习，而且还能够通过洞察力进行学习。

然而，这些发现在很长一段时间内都被忽视了，科学家们花了几十年的时间才跟上柯勒的研究结果。20 世纪 60 年代，明斯特大学的伯恩哈德·伦施和他的团队以及其他人令人印象深刻地证实了柯勒的结论。复杂的研究表明，黑猩猩朱莉娅能够在经过事先计划和考虑后有目的地采取行动。

在一项研究中，朱莉娅首先学会了把一个铁环投进喂食机的插槽，然后喂食机就会给出一块香蕉、一颗葡萄或一块饼干作为奖励。随后朱莉娅被放在一个顶部有玻璃板的迷宫前，迷宫里有一个可以被投进喂食机的铁环。朱莉娅很快就明白，它可以借助磁铁让铁环穿过迷宫的通道，并且到达一侧的出口，最后可以在那里拿到铁环。然后，它跑向喂食机，把铁环投进去，并得到了食物奖励。下一步是把朱莉娅放在一个迷宫前，这个迷宫由两条对称排列，拥有多个拐弯的通道组成，但其中只有一条通向侧边的出口，另一条则被截断了。朱莉娅看了一会儿迷宫，然后拿起磁铁，选择了正确的路径，把铁环拉到了侧面的出口。渐渐地，科学家使迷宫变得越来越复杂，直到迷宫包含了许多分支、弯曲的死胡同和几个出口，不变的是其中只有一个出口可以拉着铁环抵达。每一轮实验中，科学家都会使用一个包含新路线的迷宫，所以朱莉娅不得不一次又一次地重新规划。结果令人惊叹：每次朱莉娅在开始之前，都要先观察迷宫大约 1 分钟，然后，它抓起磁铁，试着用敏捷的动作将圆环拉到出口处。就这样，在 100 个较为复杂的迷宫中，它走对了 86 个。

伯恩哈德·伦施和他的团队也对 6 名学生进行了同样的实验。值得注意的是，这些学生的平均表现只比朱莉娅稍好一些。就某些被测变量而言，黑猩猩甚至比个别学生更胜一筹。

近几十年来，人们对动物的认知能力进行了大量研究。在这一过程中，柯勒和伦施的发现一再得到证实，其他动物富有洞察力的行为能力也得到了证明。在一项简单而巧妙的研究中，红毛猩猩可以接触到一根长约 25 厘米、直径约 5 厘米的有机玻璃管，管内装了四分之一的水，水上漂浮着一粒花生。红毛猩猩非常喜欢这种美味的食物，它们试图用手指把花生从管子里捞出来，但失败了。被研究的 5 只红毛猩猩都自发地找到了解决问题的办法：它们走到一旁的饮水机旁，喝一口水，然后把水吐到试管里，并且重复这个过程，直到水位上升到足以让它们顺利取出花生粒为止。

如今，已经没有任何一位行为科学家会怀疑大脑高度发达的动物，如猴子、大象、鲸等，能够通过洞察力进行学习。这些动物可以自发地掌握情况，在头脑中设想必要的动作序列，然后有针对性地执行行为。换句话说，这些动物会思考！

使用工具及向同类学习，并形成文化

沃尔夫冈·柯勒的研究不仅表明黑猩猩能够聪明地解决问题，还表明黑猩猩会利用环境中的物品来实现目标，并根据需要对这些物品进行改造。将一根管子插在另外一根管子上拿香蕉，这是最早有科学记录的动物使用工具的例子之一。将近半个世纪之后，珍妮·古道尔又非常令人印象深刻地描述了动物在其自然栖息地使用工具的情况。在坦桑尼亚贡贝国家公园中自由生活的黑猩猩会有目的性地使用秸秆、植物的茎和小树枝将蚂蚁和白蚁从巢中捞出，有时候它们用嘴或手去除树叶，有针对性地改造这些工具。另外，它们还会制作海绵，以便从树上的小洞中取水。为此，它们摘下树叶，短暂咀嚼叶片后，用手指将海绵状的叶团放入水洞，然后再将其取出并吸吮其中的水分。树叶也被黑猩猩用来清洁身体，而且黑猩猩还会有针对性地向人类或狒狒投掷石块。最近的观察还记录了黑猩猩使用木棍和石头的情况，这些棍子和石头被黑猩猩专门当作锤子和铁砧使用，以便敲开棕榈果。有证据表明，黑猩猩在西非使用这种技术已达数千年之久，并作为一种文化代代相传。与此同时，我们也有关于其他动物在其自然栖息地使用工具的描述。事实证明，不仅类人猿会使用工具，卷尾猴、长尾猴、海獭、海豚等也会使用工具。

如果一个种群中的某只动物创造了一项“发明”，例如用锤子和

铁砧敲碎坚果的方法，那么这种创新就会在整个种群中传播开来，不过，前提条件是其他动物能够向榜样学习并模仿它们的行为。科学家最早在日本猕猴身上观察到新行为的发明和传播。1953 年，幸岛一岁半的雌性日本猕猴伊莫发明了一种不同寻常的处理食物的方法：它将沾满沙子的红薯浸入水中，然后用手将沙子洗掉。一个月后，伊莫的一个玩伴也开始洗红薯；4 周后，人们观察到伊莫的母亲也在这样做；4 年后，已经有 15 只洗红薯的猴子；10 年后，洗红薯已经成为整个群体的典型行为特征，特别是猴妈妈将这一传统传给了自己的孩子。

如今我们已经了解到动物界许多行为特征形成文化的实例。文化可以导致同一物种的种群之间的某些行为特征具备显著差异，即使这些种群的栖息地之间只有一条河流相隔。由文化决定的行为差异在红毛猩猩身上得到了很好的研究。通过对生活在婆罗洲和苏门答腊岛不同地区的 6 个种群进行比较，科学家发现了 19 种行为特征，这些特征很可能是作为文化而传承下去的。例如，在一个种群中，几乎所有的红毛猩猩都使用工具捕食昆虫，这种习惯与黑猩猩类似；而在其他 5 个种群中，这种情况从未出现过。在某些种群中，红毛猩猩会建造遮蔽阳光的棚屋，而其他种群的红毛猩猩则不会这样做。在一些种群中，红毛猩猩用树叶作为手套，以避免被带刺的果实或树枝弄伤；而在其他种群中，这种行为无人知晓。在一个种群中，红毛猩猩用树叶当餐巾擦拭粘在下巴上的橡胶汁液；而在另外 5 个种群中，没有红毛猩猩会这样做。

因此，生活在不同地区的同种动物的不同行为并不一定是由基因决定的，行为也可以通过社会学习代代相传。

动物有自我意识吗

到目前为止，我们已经看到动物会思考、会向同类学习和使用工具，它们可以发明新事物，并代代相传。如果没有高级认知能力，这一切都是不可能的。因此，近年来，有关动物可能具有意识的问题越来越多地成为了行为生物学研究的焦点，这样的发展是可以预料的。难道黑猩猩、大象、海豚或狗知道它们自己是谁？它们知道其他同类的想法？它们明白其他同类在同样的情况下有不同的立场吗？它们的行为是否以这种知识为基础？长期以来，人们一直认为这些问题无法借助生物学方法进行研究。毕竟，仅凭观察某行为，也无法推断出该行为是否基于更高的认知能力。此外，为了满足良好的行为生物学研究的标准，我们首先必须检查动物的行为是否还存在更为简单的解释。

知名动物学家汉斯·库默尔（Hans Kummer）经常在他的讲座中用下面的例子来说明这一重要观点：一只处于劣势地位的狒狒被一只处于优势地位的狒狒疯狂追逐。一旦处于优势的狒狒成功地抓住了处于劣势的狒狒，它就会猛烈地攻击处于劣势的狒狒，撕咬甚至弄伤处于劣势的狒狒。在追逐过程中，两只狒狒跑过一片灌木丛。突然，处于劣势的狒狒猛地停下来盯着灌木丛。然后，处于优势的狒狒也停下来，盯着灌木丛。处于劣势的狒狒则利用这个时机，逃离了处于优势的狒狒。如果我们观察到这一幕，很容易将处于劣势的狒狒的行为理解为一种故意的欺骗。它假装在灌木丛中发现了实际上并不存在的危险，从而使处于优势的狒狒放弃了追逐。如果是这样的话，就说明了一种高级认知能力的存在。迄今为止，只有极少数动物的这种能力得到了科学证明。但这种行为也可能有更为简单的解释：狒狒实际上在灌木丛中看到了人类观察者没有注意到的东西。

事实上，至今还没有一个全面的实验可以得出这样的结论：某某动物有自我意识，而某某动物没有。不过，近几十年来，人们发展出了新的方法来解答动物意识的问题。如果动物有自我意识，那么它们就应该能够认出自己，比如当它们照镜子的时候。它们应该知道，在镜子里看到的是自己而不是其他陌生同类。

早在 1970 年，美国心理学家戈登·盖洛普（Gordon Gallup）就用黑猩猩进行了一次实验，以验证这一假设。首先，他将一面镜子放在黑猩猩的围栏前，为期十天，并观察黑猩猩对镜子的反应。一开始，黑猩猩把镜子里的镜像当成陌生同类，发出尖叫声并且威胁它。然而，这种反应很快就消失了，取而代之的是黑猩猩利用镜像来更好地了解自己，例如抓挠没有镜子就看不见的身体部位，去除牙齿之间的食物残渣，或者对着镜子做出一些开玩笑的小动作，同时观察自己的镜像。

这些黑猩猩的行为表明，它们认出了自己。盖洛普在第 10 天进行的一项测试提供了最后的证据。他把 4 只黑猩猩的一部分眉毛和耳朵都染成了红色，同时保证这些黑猩猩自己看不见被染色的地方。然后，他观察到只要没有镜子，黑猩猩几乎从不触碰染色的地方，即使触碰了，也是出于偶然；但是，一旦能够照镜子，它们就会立即触摸自己身上的红色部位。毫无疑问，4只黑猩猩都认出了自己。

盖洛普还使用完全相同的方法，对恒河猴、长尾猴和短尾猴3种猴子进行了镜子测试。令人惊讶的是，这些动物根本不知道镜子里的自己是谁，没有一只动物能认出自己，这一结果在近年来已多次得到证实。事实上，如黑猩猩、红毛猩猩、倭黑猩猩、大猩猩等类人猿和猴类之间似乎存在差异：前者能在镜子中认出自己，而后者显然不能。然而，能在镜子中认出自己的动物并非只有类人猿。借助镜子测试，我们可以证明大象与海豚都有自我识别的能力。出乎意料的是，喜鹊也具备这种能力。顺便一提，人类婴儿在出生后的第一年也无法认出镜子里的自己，直到一岁半到两岁时才发展出这种能力。

如果动物拥有自我意识，那么它们应该不仅能从镜子中认出自己，还能从其他动物的角度看世界。事实上，越来越多的证据表明，有些动物能够做到这一点。在一项针对雌性黑猩猩的研究中，两只互相认识的雌性黑猩猩争夺食物。其中一只动物处于优势地位，另一只动物处于劣势地位。黑猩猩被关在两个面对面的围栏里，中间隔着第三个空围栏。在空的围栏里有两道不透明的屏障，实验者在屏障后面以不同的方式摆放水果，并且总是保证处于劣势的动物可以看到水果。在第一种情况下，处于优势的黑猩猩也能够观察到水果被放在哪个屏障后面。在第二种情况下，它的视线被挡住了，因此它无法知道水果在哪里。在第三种情况下，当处于优势的黑猩猩的视线被短暂遮挡时，水果被转移到了另一个地方。在所有这些事情发生时，处于劣势的黑猩猩都能清楚地看到整个过程，它也可以观察到处于优势的同类看到了什么和没看到什么。

科学家认为：如果处于劣势的黑猩猩真的知道处于优势的同类所知道的事情，那么它就会靠近有食物的屏障，特别是如果处于优势的黑猩猩无法看到食物是否被藏在那里，或者食物被转移到了另一个地方时处于优势的黑猩猩却没有注意到的话。但是，如果处于优势的黑猩猩能够正确地了解情况，处于劣势的黑猩猩则会克制自己，不去靠近有食物的屏障。当门被打开，两只黑猩猩都可以进入放有水果的中间围栏时，处于劣势的黑猩猩的行为实际上与科学家的预测一致。在竞争者得到错误信息或根本不知道信息的情况下，处于劣势的黑猩猩抢到的水果明显多于处于优势的黑猩猩抢到的水果。处于劣势的黑猩猩显然知道处于优势的同类看到了什么，并据此调整自己的行为。

如今，许多行为科学家认为，类人猿实际上知道其他同类如何感知环境，其他同类的目标是什么以及其他同类拥有什么知识。它们可以把自己代入到其他同类的角色里，并且从其他同类的角度看世界。最近对黑猩猩、红毛猩猩和倭黑猩猩的研究表明，它们甚至还拥有另一种迄今为止声称只有人类才有的最惊人的能力：知道其他同类有错误的想法，并根据其他同类的错误想法做出行为。

这究竟是什么意思呢？让我们想象一下，一群孩子在看布袋木偶戏表演。孩子们看到强盗偷了一颗糖果，把糖果藏在一个红色的桶里，然后走开了。现在小丑来了，他看了看桶，拿了糖果，把它放在一个蓝色的桶里，随后离开了。现在，强盗又回来拿糖果了。如果你问 6~9 岁的孩子，强盗会在哪里找糖果？几乎所有的孩子都会回答：

"红色的桶里。"他们知道糖果不在那里，但他们也知道强盗的假设是错误的，并且强盗会做出相应的行为。然而，三四岁的孩子对这个问题的回答却完全不同："强盗会在蓝色的桶里找糖果。"因为他们看见糖果就放在蓝色的桶里。在这个年龄段，他们还无法想象别人有错误的想法，并会按照这个想法做出对应的行为。

如何将这样的研究成果应用到动物身上呢？一个来自美国、英国、日本和德国的跨学科小组利用了类人猿喜欢看视频的特点进行了实验。他们给黑猩猩、倭黑猩猩和红毛猩猩播放了几段影片，在影片中，一个装扮成金刚的人从一个没有装扮的人那里偷走了一块石头，并把它藏在了两个盒子中的一个里。在这个过程中，"金刚"被另外那个人观察到了。接下来"金刚"威胁那个人，于是他逃离了房间。然后"金刚"拿着石头，把它藏在另一个盒子里，等了一会儿，又把它拿了出来，并且带着石头离开了房间。现在，那个人又回来取石头。在类人猿观看视频时，我们使用眼动仪准确记录下了它们的眼动轨迹。结果很明显：尽管它们看到石头已经不在两个盒子中的任何一个里了，但它们还是主要看向那人误以为石头在其中的那个盒子。黑猩猩、倭黑猩猩和红毛猩猩显然预料到那人会按照自己的错误想法做出的行为。

另一惊人大发现——鸟类的认知能力

当被问及哪种动物最聪明时，大多数人都会回答类人猿，此外，还会提到海豚、大象等。直到几年前，生物学家也会给出非常相似的答案，因为当时的教条是不同动物物种的认知能力与其大脑的大小，和大脑皮层的褶皱程度大致一致。而上述动物恰恰具有大脑相对于身体特别大，并且大脑皮层褶皱程度高的特点。

然而，最近对鸟类的研究结果更是令人惊讶，人们通常认为鸟类拥有比哺乳动物更“原始”的大脑，并且没有大脑皮层。但特别是对鸦科鸟类和鹦鹉的研究表明，这些动物的认知能力与类人猿一样高度发达。多年前，非洲灰鹦鹉亚历克斯就曾经因为其出色的认知能力而出名。据它的主人、行为科学家艾琳·佩珀伯格（Irene Pepperberg）说，它能听懂大约500个单词。

在使用工具方面，鸦科鸟类甚至不比黑猩猩逊色。新喀鸦绝对是制作工具和聪明地使用工具的大师。在其位于南太平洋的自然栖息地，新喀鸦会使用小树枝，通过3个阶段制作钩形工具。它们用喙衔起这些工具，并巧妙地将其用作探针，从树洞里钓出昆虫幼虫。人工饲养的新喀鸦会自发地用一根笔直的铁丝做成一个钩子，以获取它们渴望的食物。秃鼻乌鸦还能想到另一种获取食物的聪明办法：为了在装有少量水的窄玻璃杯中捉到漂浮在水面上的面包虫，它们会收集周围的石头，然后，它们准确地将足够多的石头扔进容器里，直到水位上升到刚好能够接触到食物为止。鸦科鸟类还能从镜子中认出自己，喜鹊就是如此。它们已经被证明，它们能清楚地认出自己在镜子中的样子。鸦科鸟类在一定程度上也知道其他同类知道什么，例如，渡鸦和西丛鸦能分辨出哪些同类在观察它们藏食物，哪些没有。这一点很重要，因为有些同类喜欢劫掠其他同类藏食物的地方。

就像一些猴子和狗一样，鸦科鸟类也拥有一种“正义感”，如果没有高度发达的认知能力，这种“正义感”是不可想象的。在一项经典实验中，弗兰斯·德瓦尔（Frans de Waal）和萨拉·布鲁斯南（Sarah Brosnan）首次在卷尾猴身上证明了这一现象。为此，实验人员首先教这些卷尾猴可以用一个代币换一块黄瓜，它们都很积极地照做了。然而，当它们在实验中观察到同类动物用同样的代币换取了更为理想的奖励——一颗葡萄时，它们的反应非常愤怒，并且不再参与交换。当它们看到同类动物无需付出代币就能得到一颗葡萄时，它们的反应更加激烈。几年后，由托马斯·布格尼亚尔（Thomas Bugnyar）领导的奥地利研究小组使用了同样的实验方法来研究小嘴乌鸦和渡鸦，得出了一样的结论：当这些鸦科鸟类看到同类受到不合理的优待时，它们也会做出非常愤怒的反应。

在生物学方面，人们接下来提出的问题是为什么鸦科鸟类和鹦鹉虽然没有大脑皮层，却具有与猴子相当的认知能力。这是由于不同动物群体的平行进化。据我们所知，鸟类和哺乳动物的进化路线大约在3亿年前分开。从共同的祖先开始，这两个类群的平行进化一直持续至今。鸟类和哺乳动物都进化出了体积庞大的大脑，它占据了脑部的大部分空间，不过，哺乳动物和鸟类的大脑组织形式完全不同。由于这两种组织形式都能产生类似的认知能力，鸟类的脑部结构如今不再被认为是“更原始”的，而是“另类”的。鸟类杰出的认知能力的发现最终导致了生物科学领域对鸟类大脑的重新审视。

动物的认知能力受到了科学界和感兴趣的公众的极大关注。然而，一个基本的行为学知识却常常被忽视：与所有其他特征一样，较高的认知能力是在自然选择的作用下产生的，它有助于动物适应其生活环境。然而，具有较高认知能力的动物并不比仅具有低认知能力的动物更适应环境。这是因为，某一动物的适应能力主要体现在个体的生存和繁殖能力上，而不是体现在其认知能力的高低上。蚯蚓的认知能力低于渡鸦或黑猩猩，但蚯蚓对栖息地的适应能力绝不比另两种动物差。

结论

所有动物都能从经验中学习，从而适应环境。这可能涉及非常简单的学习形式，如对无意义刺激的习惯化；或涉及联想学习过程，如经典条件反射或操作性条件反射。有些动物还具有较高的认知能力，它们可以有洞察力地计划和行动，从镜子中认出自己，知道其他同类知道什么，它们甚至可以察觉哪些情况会导致错误。尽管这种更高的认知能力只在少数动物物种中得到了证明，而且并不是这些物种中的每个个体都拥有这种能力，但现有的研究数据令人印象深刻地表明，动物原则上具有认知能力，这种能力并不是人类独有的。然而，关于这些结果是否证明动物具有与人类相当的自我意识，还存在争议。

过去 20 多年中，最惊人的事情或许是发现了一些鸟类同样具有杰出的认知能力，尤其是鹦鹉和鸦科鸟类。它们的认知能力甚至可以与类人猿媲美。这一发现强调，向更高认知能力的进化并不仅仅发生在人类的发展过程中。更确切地说，“智能行为”在各种各样的动物群体中得到了独立发展。

第六章

动物的个性

行为的发展和个性的形成

幼年期的社会环境

如果你在20世纪50年代问一位生物学家，一只小猴子在没有母猴陪伴的情况下独自长大会发生什么，他可能会回答："如果动物有足够的食物和饮水，笼子干净且没有病原体，环境温度适宜，它就能正常成长。"人们普遍认为，动物妈妈的主要职责是为幼崽提供食物，尤其是母乳，并且为幼崽保暖，保护幼崽不受敌人伤害。至于动物妈妈还会在其幼崽的行为发展方面发挥至关重要的作用，这种想法在当时相当不寻常。

随后，美国心理学家哈里·哈洛（Harry Harlow）及其团队的研究表明，社会活动对个体的正常发育具有决定性的影响。在这项在如今看来条件已不再合理的实验中，他们让恒河猴从出生起就处于人工饲养的环境，而不与母亲或其他同类动物接触。虽然这些恒河猴成长得很好，身体也很健康，它们的心理和行为却完全不正常。一些恒河猴蹲在地上，没有任何主动性，眼睛盯着空中。还有一些恒河猴形成了极端的刻板动作，连续数小时均匀地来回摇摆身体。它们对新环境的反应是恐惧。一个通常会诱发游戏行为的球，在它们面前却会引发恐慌和震惊。当把这些幼猴与正常成长的同龄幼猴放在一起时，它们的社会行为明显异常，主要表现为攻击性过强，无法融入现有的社会群体。如果一只在没有社会接触的环境下长大的雌猴，在后来的生活中成为了母亲，那它就完全不能适应这个角色，甚至还会虐待自己的孩子。我们对此并不感到惊讶，研究表明，自出生以来与母亲或其他同类接触的时间越短，动物的异常行为就越明显，治愈它们的机会就越渺茫。

这些研究清楚地表明，幼猴无法仅凭本能发展成为具有社会和情感能力的个体。为了形成这些能力，幼猴需要在其生命的早期就开始与其他同类密切接触。母亲不仅是食物的来源，也是幼崽的社会化导师，给予它们安全感和社会支持，就像我们在第二章中提到的那样，在压力情况下，母亲能够有效缓解幼崽的应激反应。

哈洛的研究中还有另一个被忽略的重要发现：如果幼崽在成长过程中没有母亲，但有许多同龄动物，它们并不会出现行为障碍。与同伴频繁而投入地玩耍，显然会产生与母亲行为相当的积极影响。严格地说，决定后代和谐发展的不是母子关系，而是与关系密切的同类的社会接触。

近几十年的研究也证实了，为了成长为有社会和情感能力的个体，哺乳动物幼崽需要接受社会化训练。只有在这一过程中取得成功，它们才能在以后的生活中以适当的方式与同类交流和建立联系。这一发现不仅适用于猴子。一只狗对待其他狗以及人类的方式，在很大程度上取决于它在3周大到14周大之间的社会经历。归根结底，所有哺乳动物的幼崽只有在完整的社会环境中生活，才能在成年时具备相应的社会能力。

近年来，对猴子、有蹄类动物和啮齿动物的研究表明了另一种规律：即使社会接触的差异在正常范围内，这些差异也会对幼崽的性情和行为产生持久的影响，特别是母亲照顾后代的频率和时长会对孩子的性格产生影响。例如，很少受到母亲照料的大鼠幼崽在成年后没有出现行为障碍，但是，与受到母亲悉心照料的幼崽相比，这些幼崽在成年后更易焦虑，其应激水平也更高。得到母亲大量照顾的幼崽更勇敢，而很少被母亲照顾的幼崽则更拘谨。

然而，成功的社会化并不总是由母亲单独负责的。和恒河猴一样，与同龄玩伴的接触对许多物种的行为发展有十分积极的影响。在某些动物中，例如暗色伶猴，父亲也可能是孩子的主要照顾者；在大象的群体中，整个具有亲缘关系的雌性群体都会参与后代的社会化。

总之，无数研究证实，早期社会环境对哺乳动物的行为发展非常重要。如果缺少社会伙伴，就可能导致行为缺陷和严重的行为障碍。即使是正常的社会接触差异，也会导致行为出现明显差异。因此，从一出生就开始的幼年期被人们理所应当地视为哺乳动物情感和行为的关键发展阶段，具有长远的影响。然而这一生命早期阶段并不是环境影响行为的唯一阶段。

产前经历对行为的影响

一天早上，当我的同事西尔维娅·凯泽坐在笔记本电脑前，评估她前一天录制的豚鼠行为的记录视频时，她几乎不敢相信自己的眼睛。在一个结构丰富的大型围栏中，4 只雌性豚鼠的行为明显与雄性豚鼠相似。与通常情况下的雌性豚鼠相比，它们显得更加健壮，也更加活泼好动，而且还起劲地跳起了“伦巴舞”——通常只有雄性豚鼠才会做出的、富有表现力的求偶行为，如果想辨别一大群豚鼠中个体的性别，只需寻找这种行为。所有的雄性豚鼠都会跳这种舞，但通常没有雌性豚鼠会跳。

西尔维娅·凯泽当天早上分析的第二段视频显示，另一组中的 4

只雌性豚鼠生活在同一间饲养房的一个设置相同的围栏里。这些豚鼠的行为方式则符合雌性豚鼠的典型行为方式，它们不跳“伦巴舞”，不那么活跃，也不进行激烈的打斗。所有雌性的年龄相同，它们也都生活在相同的环境中，但它们的行为怎么会有如此明显的差异呢？

有趣的是，两组雌性豚鼠只有一个特征不同，那就是它们的母亲在怀孕和哺乳期间所处的社会环境。如果豚鼠母亲曾经经历过不稳定的社会环境，那么其雌性后代的行为就会雄性化。如果豚鼠母亲曾经生活在一个稳定的社会环境中，那么其雌性后代就会具有典型的雌性行为方式。

稳定和不稳定的环境有什么异同？这两种环境中，都有 1 只雄性豚鼠与 5 只雌性豚鼠一起生活在大型围栏中。所有群体中的雌性豚鼠都在很短的时间内进行交配，然后经历约两个月的孕期。之后，它们生下 1~4 只幼崽，并哺育幼崽长达 3 周。在稳定的社会环境中，每只雌性只跟与其交配的雄性豚鼠，以及群体中的其他雌性豚鼠接触；与此相反，在不稳定的环境中，雌性豚鼠会在不同的群体中生活。因此，在不稳定的社会环境中，每只动物都会反复经历新的社会环境，并且与未知的同类相处。

雄性化雌性豚鼠的母亲在其怀孕和哺乳期间都生活在这种不稳定的社会环境中。因此，西尔维娅·凯泽首先想知道这两个阶段是否真的共同导致了行为雄性化，还是其中一个阶段的社会不稳定性就足以导致雄性化。因此，她在 4 种不同的条件下饲养豚鼠：在第一种情况下，豚鼠母亲在怀孕和哺乳期间生活在稳定的社会环境中。不出所料，它们的雌性后代在成年后表现出典型的雌性化行为。第二种情况恰恰相反，豚鼠母亲在两个阶段都经历了不稳定的社会环境。因此，它们的雌性后代的行为变得雄性化。在第三种情况下，豚鼠母亲在怀孕期间生活在稳定的社会环境中，在哺乳期间生活在不稳定的社会环境中。它们的雌性后代后来没有表现出雄性化行为的迹象。最后一种情况是，豚鼠母亲在怀孕期间生活在不稳定的社会环境中，在哺乳期间生活在稳定的社会环境中。它们的雌性后代后来表现出了雄性化行为。对4种情况的比较表明，行为雄性化源于豚鼠母亲怀孕期间社会环境的不稳定，哺乳期间的社会环境则无关紧要。由此可见，雌性豚鼠行为的雄性化，是豚鼠母亲在怀孕期间所处社会环境造成的产前影响。

事实证明，这种雄性化伴随着血液中雄性激素水平的显著升高。位于阿姆斯特丹的荷兰脑研究所的一项研究也表明，雄性化雌性豚鼠脑部的某些区域在精细结构上与未雄性化的雌性同类明显不同，而且具备与雄性一样的特征。因此，豚鼠母亲在怀孕期间所处的社会环境不仅会影响其雌性后代的行为，还会影响它们的激素平衡和大脑发展。

为了得出全面的结果，我们不禁要问，社会环境会对雄性后代产生什么影响？在我们的研究所里，所有人曾经都认为："如果不稳定的社会环境导致雌性后代雄性化，那么雄性后代一定也会成为'超级大男子主义者'。"然而，研究结果完全不同。如果豚鼠母亲在怀孕期间生活在不稳定的社会环境中，它们的雄性后代就会发育得更慢，典型的雄性行为也不那么明显。与其母亲孕期生活在稳定环境中的雄性同类相比，这些雄性豚鼠更频繁地进行游戏，而且会持续玩耍到更大的年龄。当这些雄性豚鼠成长到性成熟后，虽然会有求偶行为，但会一再中断求偶行为，转而进行游戏。与此同时，它们大脑中雄性激素睾酮的对接位点数量也大大减少。总而言之，我们发现"幼稚化"这个词非常适合这种现象。

对小鼠、大鼠、猪和猴子等其他物种的研究也得出了同样的结论：如果母亲在怀孕期间生活在不稳定的社会环境中，其雌性后代就会在行为、激素平衡、大脑发展，有时甚至是外貌方面表现出雄性化的特点；而其雄性后代则会发育迟缓，它们的行为也不那么具有雄性特征。

母亲在怀孕期间所处的环境究竟会以何种方式对后代的行为产生如此深远的影响？尽管许多问题仍未得到详细解答，但产前因素影响行为的一般途径现已十分清楚：环境会影响处于孕期的雌性动物体内激素的释放。如果动物生活在不稳定的环境中，就意味着它们经常会遇到陌生的动物，这可能会导致攻击性冲突的增加。其结果是皮质醇和肾上腺素浓度急剧上升，而且性激素的释放也会造成显著影响。由于母体的血液通过胎盘与胎儿的血液相连，这些激素也会到达胎儿的大脑。在那里，激素会对大脑发展产生持久的影响，由此而来的对行为的影响直到后代成年后都能得到证实。

雄性化的雌性后代与幼稚化的雄性后代——是障碍还是某种适应方式

第一眼看上去，怀孕期间不稳定的社会环境似乎只会产生负面影响。因此，在介绍这些研究结果的医学或心理学大会上，人们经常会说："研究表明，怀孕期间压力过大会导致后代行为障碍！"有趣的是，在进化生物学或行为生物学大会上，对同样结果的讨论却完全不同。在这里，没有人会想到去讨论行为障碍。相反，他们会问："母亲是否有可能让它的后代适应自己目前所处的社会环境？"近年来，越来越多的研究成果实际上表明，这种解释可能才是正确的。

例如家养豚鼠的祖先——普通野生豚鼠。在它们身上，怀孕期间的社会不稳定也会导致雄性化的雌性后代与幼稚化的雄性后代。对这些动物的生态条件的研究揭示了，为什么这些行为模式乍看起来很奇怪，但实际上可能是一种适应环境的方式。

普通野生豚鼠的自然栖息地位于南美洲，这些动物可以生活在特殊的社会环境中：在某一年，数百只豚鼠挤在一个狭小的空间里。它们生活在高密度的种群中，并且会与陌生的和熟悉的同类发生无数次冲突。这显然是一种不稳定的社会环境。然而，在接下来的一年，由于暴风雨或捕食者的袭击，豚鼠的数量可能会锐减。如此，同一地区便只剩下几只豚鼠。它们互相认识，并以可预测的方式相遇——这便是一种稳定的社会状况。因此，野生豚鼠可以在两个妊娠期内处于完全不同的社会环境中。

让我们进行一个思想实验：假设一只怀孕的雌性豚鼠能够塑造其雌性后代的行为，使后代能够以最佳方式适应高密度、不稳定的社会环境。那这些雌性后代应该具备哪些特征？不难看出，健壮、能够捍卫自己的雌性后代最适合这种环境。这是因为在这种环境中，经常会出现争夺统治地位的纠纷，以及对觅食和休息场所等重要资源的激烈竞争。虽然有证据表明雄性化行为与生殖能力可能伴随生殖能力下降，但在种群密度较高的情况下，能够捍卫自己的行为模式很可能是成功繁殖和养育后代的先决条件。另一方面，在种群密度较低并且社会条件稳定的情况下，则需要一种不同的行为模式。在这种稳定的社会环境中，动物可以充分获得充足的资源，强势与捍卫自己的行为并没有明显的优势。相反，这时候的行为应该主要服务于繁殖，而雄性化的行为很可能会影响繁殖。因此，在自然栖息地中，母亲最好尽量能让其雌性后代的行为适应不同的社会条件。

在过去的20多年中，对各种动物的大量研究表明，母亲似乎能够做到这一点！在许多情况下，母亲会在后代的早期发展阶段非常有效地影响后代的行为、生理和外貌，使其能够以最佳状态适应母亲自己的生活环境或母亲为其预测的生活环境。

水蚤就是一个令人瞩目的例子。同一物种中，这种动物有两种变体：一种头上有头盔状结构，另外一种没有。在捕食者众多的水域里，这种"头盔"被证明是有利的，因为它能提供一定的保护，抵御捕食者。然而，构建这样的结构需要耗费大量精力，所以在没有捕食者的环境中，不拥有"头盔"反而是更有利的。有趣的是，水蚤母亲在产前就"决定"其后代是否拥有"头盔"。如果它自己曾经在栖息地接触过捕食者，其后代出生时就会拥有"头盔"；如果它没有遇见捕食者，其后代也就不会拥有"头盔"。

同样，哺乳动物的母亲似乎也能以类似的方式使其后代为未来的生活做好准备。在激素的帮助下，母亲在产前影响孩子的大脑发展，从而使后代形成不同的行为特征，以最佳方式适应不同的环境条件。

如果我们观察雌性后代，很容易就可以理解为什么雄性化的行为模式能够很好地适应种群密度较高，并且环境不稳定的情况；而非雄性化的行为模式则在种群密度较低，并且环境稳定的情况下更有优势。但另一方面，雄性后代又会面临什么情况？幼稚化和非幼稚化的行为模式是否也代表了对不同社会环境的适应？

据我们所知，答案确实如此。因为在种群密度较高和种群密度较低的情况下，处于青少年时期的雄性个体的生殖途径是完全不同的。让我们想象一下，在一个极小的种群中，只有两只性成熟的年轻雄性和一只年轻雌性。在这种情况下，雄性应该怎样做才能成功地把自己的基因传给下一代呢？它应该攻击对手，并在可能的情况下击败对手，因为只有占优势的雄性才能与雌性交配。事实上，豚鼠和许多其他哺乳动物一样，都是按照这种逻辑行事的。在这种情况下，幼稚化的行为模式并不能带来成功。

然而，在高密度的种群中，性成熟的年轻雄性的情况就完全不同了。它们面对的是强壮的成年雄性首领，这些首领会保护和守护自己的雌性。理论上，年轻雄性可以繁殖后代，但由于它们的体型比首领动物小得多，体重也轻得多，因此它们没有机会在直接对抗中击败首领，获得雌性。正如我们在第二章中看到的，当动物数量较多时，处于青少年时期的雄性动物会通过与个别雌性动物建立关系，并将所有可用的能量都投入到身体的成长中，从而获得首领地位。与此同时，它们不会暴露自己是潜在的竞争对手，否则它们就会受到首领的猛烈攻击。在这种情况下，幼稚化的行为正是正确的策略：

通过这种行为，它们向首领发出信号，表明自己并非其竞争对手，这样它们就不会在与首领的冲突中浪费精力。研究表明，当这些动物在以后的生活中体型更大、体重更重的时候，这种策略会使这些动物有更大的可能性成为首领。

总而言之，没有任何迹象表明，雄性化的雌性后代与幼稚化的雄性后代可能会有行为障碍。相反，有很多证据表明，这些动物以最佳方式适应了某些社会环境。

发展初期的环境、基因和自身利益

如上可见，社会环境会对怀孕期间的雌性动物产生影响，从而导致其激素水平发生显著变化，进而为了使后代的行为适应母亲所经历的环境条件，影响胎儿的大脑发展。环境影响也会影响产后的母亲。例如，小鼠的母亲在安全的环境中对后代的照顾很周到，在危险的环境中则几乎不会照顾它们。大角羊的母亲会在种群密度较低时细心地照顾后代，而在种群密度较高时则很少顾及后代。不同的母子关系也会对后代的大脑发展造成明显的影响，由此产生的不同的行为模式，通常也是对不同环境条件的适应。例如，在危险环境中母性行为的减少，会导致幼崽在这种环境中表现得焦虑和谨慎，这种行为当然是有意义的，因为这有助于幼崽生存。

如果比较产前阶段和出生后的阶段，就会发现一个值得注意的地方：在这两个生命阶段，母亲所处的环境都会反映在后代的大脑和行为发展上，从而使后代适应当前的环境条件。唯一不同的是，这些影响是由产前阶段的母体激素和出生后的母亲的行为造成的。

正如我们所看到的，成长早期的社会环境对幼崽个体行为的形成有着非常重要的影响。但不应忘记的是，社会环境并不是唯一的决定性因素。幼崽并不是被动地接受母亲和其他照顾者的社会化训练，与此相反，它们在这一过程的塑造中扮演着非常主动的角色。

在这方面，美国进化生物学家罗伯特·特里弗斯（Robert Trivers）早在几十年前就指出了一个重要观点：幼崽和其父母的利益是截然不同的。因为在自然选择的作用下，每个个体都会尽可能多地将自己的基因复制给下一代。因此，每只雄性动物与每只雌性动物都会努力从其母亲那里得到尽可能多的食物和照顾。另一方面，母亲也会努力将自己所拥有的资源平均分配给所有后代。例如，如果母亲在第一次生出的后代身上花费了太多的精力，那么它将不再有足够的储备来抚养第二次生产、第三次生产或第四次生产的后代。上述情况不可避免地会导致母子冲突——这种冲突在许多动物中都能得到证实：每个孩子想要的都比母亲愿意给予的更多。因此，早期阶段的行为塑造绝不是由母亲或其他重要照顾者单方面主导的。后代所处环境中的同类也会受到相当大的影响，在像上一章中提到的那样，我们通过婴儿图式的例子，看到了后代如何成功地影响其环境：婴儿甚至能让没有亲缘关系的同类充满慈爱地照顾他们。

如果一个种群中的所有母亲都能通过激素和行为影响其雄性后代和雌性后代的发展，从而使它们适应不同的环境，那么问题就来了：为什么不是所有的孩子都会发展出非常相似的行为呢？为什么尽管环境条件大致相同，后代有时还是会形成完全不同的性格？

我们已经在第四章中了解了造成这种情况的主要原因：个体行

为是由遗传基因和环境条件的相互作用形成的。可塑性基因（如SERT基因）在这方面起着至关重要的作用，这些基因会以不同的形式出现在不同的个体身上，并根据其变体决定了行为是否以及在多大程度上受环境影响，这就解释了为什么同样的母性关怀并不一定会在不同的后代身上产生一致的行为。虽然母性行为的减少会导致后代的平均焦虑水平更高，但每个后代的焦虑程度是由其SERT基因的性质等因素决定的。

青春期的经历如何影响行为

长期以来，人们认为哺乳动物在早期发展阶段形成的行为模式会持续一生，比如，那些在婴儿时期容易焦虑的人，在成年后也会如此。童年时勇敢地探索世界的人，长大后大概率也是勇敢的。然而，随着时间的推移，人们产生了疑问：难道真的只有早期发展阶段对行为的形成起决定性作用吗？难道环境不能对后期发展阶段产生同样的影响吗？事实上，最近的研究大大拓宽了以往的视角，因此动物的青春期也在行为生物学中越来越受到关注。

青春期是从幼年到成年的过渡阶段。在这一生命阶段，动物的激素会发生翻天覆地的变化。雌性动物的卵巢会分泌雌二醇等雌性激素，可受精的卵子发育成熟，并且出现第一次排卵；雄性动物的睾丸开始活跃，产生睾酮等雄性激素，并产生可使卵子受精的精子。在性激素的影响下，动物的外表也会发生变化，这些变化有时非常显著。因此许多雄性动物形成了各种引人注目的特征，如山魈彩色的脸、鹿的鹿角、公鸡鲜红的鸡冠等；许多猴类的雌性在青春期时，其肛门和生殖器会出现明显肿胀的现象。神经系统也经历着重大变化，神经回路被重塑，与此同时，性激素随血液进入大脑，并且在负责控制情绪和行为的区域进行对接。因此，动物的行为在青春期同样发生巨大的变化不足为奇。

在这个阶段，父母对后代的重要性下降，与此同时，与同龄个体的互动变得越来越重要。在性激素的作用下，雄性和雌性对异性的兴趣都会觉醒。雄性动物之间变得更加不相容，它们往往会在这一时期从出生地迁移到其他社会群体或建立自己的领地。与此同时，人们可以观察到这些雄性动物越来越愿意冒险，并积极寻找新的环境，开展令人兴奋的经历——这些特征主要是由睾酮浓度的增加导致的。

由此可见，在青春期，行为会随着激素的变化而变化。然而，并不是所有动物的行为都会因此而发生变化。因为就像在产前阶段和幼年时期一样，这一阶段的环境也对个体在未来的行为起着塑造作用。我们又对豚鼠进行了研究，研究结果首次表明，青春期的社会经历对其未来的行为确实具有决定性的重要作用。

假设一只雄性豚鼠出生在一个大型群体中，并在那里度过了它的一生。当这只豚鼠意外遇到来自另一个豚鼠群的、从未谋面的雄性豚鼠时，会发生什么呢？两只豚鼠大概率会互相对视，互相嗅闻，然后以和平的方式确定谁是处于优势的一方，谁是处于劣势的一方。正如对这两只雄性豚鼠皮质醇水平的研究表明的那样，这种和平的方式对双方都不会造成压力。来自一个大型群体的雄性豚鼠可以毫无问题地融入一个完全陌生的同类群体，正如我们在第二章中了解的那样，这只豚鼠并不会出现明显的攻击行为。

然而，如果雄性豚鼠不是在大型群体中长大，而是单独长大的，或者是仅成对生活过，那么它们与陌生动物的相遇就大不相同了。当两只以这种方式长大的豚鼠遇见彼此，就会发生最激烈的冲突。它们把牙齿咬得咯咯作响，竖起颈毛，扑向对方，并试图咬住对手。它们可能要花上好几天才能分出谁强谁弱，在这些冲突中会出现强烈的应激反应。两只动物体内的皮质醇水平都会飙升，然后才会逐渐回落到初始值。不出所料，当这些豚鼠成年后试图融入陌生群体时，也会遇到巨大的困难。它们总是无法和平地融入群体，加入陌生群体的过程总是伴随着强烈的攻击和应激反应。

问题是，这些差异是如何产生的？为什么在群体中长大的雄性豚鼠在遇到陌生的同类时会表现得平和放松，而单独或成对长大的雄性豚鼠在遇到其他同类时却表现得具有攻击性和应激反应呢？在一系列研究中，我们找到了答案：动物在青春期的社会经历是造成这种情况的原因。如果年轻雄性豚鼠在群体中长大，它们日常经历的一部分就是与年长的、处于优势地位的雄性豚鼠发生冲突。在这些互动中，它们体验到了处于劣势地位的个体的角色，并学会了在这种情况下如何表现。同样，它们也会遇到比自己年幼的雄性豚鼠，然后自己处于优势地位。这种不同的经历让它们学会了评估同类的强弱，而不必在激烈的打斗中去试探对方。它们还会学习与异性打交道的规则，例如：如果遇到一只陌生的雌性豚鼠，不应立即向它展示求偶行为，而是要等待大约 3 小时，期间没有其他雄性豚鼠出现，才可以开始求偶。正是这种行为规则避免了陌生雄性之间的争斗过早升级。

另一方面，如果雄性豚鼠在青春期时不生活在群体中，而是单独生活或仅与某只雌性一起生活，那么在这个决定性的发展阶段，它就没有机会与其他雄性发生互动。由于缺乏互动，特别是与处于优势地位的对手的互动，它就无法学习某些社会技能，例如怎样对强者表示顺服。所以，当它遇到陌生的雄性同类时，冲突就会快速升级，行为充满了攻击性，并产生强烈的应激反应。因此，青春期的社会经历对雄性豚鼠的行为发展至关重要。

到目前为止，我们只讨论了雄性。那么雌性呢？青春期的社会经历是否也会影响雌性以后的行为？遗憾的是，迄今为止几乎没有任何研究能为这个问题提供可靠的答案。然而，对豚鼠的研究却带来了惊喜：无论雌性豚鼠在青春期的社会经历如何，与雄性豚鼠形成鲜明对比的是，雌性豚鼠在其生命的每一个阶段，都能设法以低应激反应和低攻击性的方式与未知的雌性与雄性同类相处。因此，无论雌性豚鼠以前是在群体里生活还是成对生活，它们都能很容易地在陌生的群体中找到自己的位置。

同时，对猴子和啮齿动物的研究也证实，青春期的社会经历对雄性动物的行为有重大影响。有趣的是，科学家不仅在哺乳动物身上发现了这种现象，在斑胸草雀身上也有同样的发现。在这一阶段成对生活的雄性斑胸草雀，会在以后的生活中，对陌生同类表现出相当强烈的攻击性；另一方面，在群体中生活的个体，在同样的情况下则更具备和谐相处的能力。毫无疑问，这些对各物种的研究结果使人们普遍认识到，成年后的行为不仅受到早期发展阶段的环境影响，而且还受到青春期社会经历的影响。

在另一方面，社会经历在未来行为中的实际反映程度也受到基因型的调节。我们在对幼年个体的研究中已经看到：尽管动物的社会化程度相当，但它们对同一事件的反应可能完全不同，这取决于它们从父母那里继承了哪些基因。到目前为止，有关这一主题的为数不多的研究表明，在青春期个体和幼年个体一样，也被基因影响着。例如，我们在一项关于小鼠的研究中发现：如果雄性小鼠在青春期与对手发生打斗，并且有了成为失败者的经历，那么它们在将来的行为中就会表现出更多的焦虑。然而，这种失败者的经历对每只动物的影响程度主要取决于其 SERT 基因的性质。如果小鼠没有完整的 SERT 等位基因，其失败后的焦虑感会显著增加。如果小鼠具有两个完整的 SERT 等位基因，那么这种影响几乎不值一提。如果小鼠具有一个完整的 SERT 等位基因和一个有缺陷的 SERT 等位基因，那么它们的反应会介于其他两个基因型之间。

青春期——一个适应的阶段

大多数人会认为，与陌生同类和平相处的动物比对陌生同类表现出攻击反应的动物更令人产生好感。例如，如果让你在两只性情像上述情况一般的，完全不同的狗之间做出选择，你可能会选择性情温和的那只。豚鼠的情况也是如此，我们可以合理地得出结论——群体饲养的雄性豚鼠比单只或成对饲养的雄性豚鼠社会化程度更高。

然而，从进化生物学的角度来看个体是否能够成功繁殖，我们会得出完全不同的评价。因此，具有决定性的并不是从人类的角度来看哪种个体的社会化程度更高，而是平和放松，或具有攻击性和应激反应，哪种行为模式更有助于成功繁殖。我们接下来将看到，因动物所处社会环境的不同，这个问题会呈现出完全不同的答案。

对于雄性豚鼠来说，处于青少年时期的雄性豚鼠在群体中获得的平和放松的行为特征，是为了融入现有或陌生社会群体，这使它们能够在以后某个时刻占据首领地位并进行繁殖。在这种群体环境中，具有攻击性与应激反应的雄性几乎没有胜算。

如果一只同龄的雄性豚鼠没有在一个大型群体中长大，而是从青春期早期开始就只与一只雌性豚鼠生活在一起，那么它的情况会怎样？这只雄性豚鼠与它的伴侣幸福美满地生活在一起，并且定期与伴侣一起繁衍后代。假设这时突然出现了一个对手；它会如何反应？从进化生物学的角度来看，它应该猛烈攻击对手，并试图将其赶走，因为只有这样才能保证它能够成功继续繁殖。在这种情况下，高度的攻击性和皮质醇的强烈释放具有很大的优势，因为为了表现出攻击性，生物体需要能量，应激激素的大量增加则可以迅速提供能量。在第二章中，我们已经了解到，应激激素的释放能使生物体快速有效地做出反应。在这种情况下，一对豚鼠中的雄性豚鼠对陌生同类表现出高度攻击性，与生活在群体中的雄性豚鼠在融入陌生社会群体时表现得平和放松一样，都是一种对环境的适应。

我们团队的托比亚斯·齐默尔曼在他的博士论文中令人信服地证明，在决定繁殖成功与否的打斗冲突中，攻击性行为特征确实是有利的。他组建了由两只雌性豚鼠和两只雄性豚鼠组成的小组。其中一只雄性豚鼠的青春期是在一个大型豚鼠群体中度过的，另一只的青春期则是与一只雌性豚鼠一起度过的。不出所料，与群体饲养的竞争对手相比，结对饲养的雄性更具攻击性，并且表现出更强的应激反应。因此，它们在组建小组后立即发动攻击，并在几个小时后在绝大多数小组中占据了优势。雌性豚鼠最初对任何雄性都没有表现出偏好，但后来几乎只关注其小组中占优势的雄性。正如遗传亲子关系研究所表明的那样，这种攻击性行为策略取得了成功：在这种情况下，成对饲养的雄性豚鼠所生育的后代，明显多于在群体中长大并在青春期形成平和放松的行为特征的竞争者。

就繁殖成功率而言，从根本上说，平和放松或具有应激反应都不一定是更好的选择。更确切地说，哪种行为是最佳选择取决于动物所处的社会环境。在争夺领地或交配对象等重要资源的激烈竞争中，攻击性行为往往被证明是有利的。而在需先从较低地位开始融入的社会体系中，平和放松的行为会让个体走得更远。但这些不同的行为策略并不是哺乳动物与生俱来的，而是青春期的社会经历塑造了这些行为，从而使动物更好地适应当前的具体生活环境。

一般来说，青春期被认为是行为最终形成的生命阶段。不同于产前阶段，动物可以在青春期自己感知周围的环境。与幼年时期不同的是，动物的行为不再大范围地受到父母的影响。在这种情况下，行为特征受到审视，就像青少年在问自己："我的母亲是否给予了我正确的行为和气质？我真的很好地适应了我的环境吗？"

在青春期进行这种校正确实很有意义，因为在早期发展阶段，动物并不总是能正确地、全方位地预测环境中发生的事件。生活条件可能会发生变化：稳定的社会环境可能会变得不稳定，互动伙伴的数量可能会急剧增加或减少。如果青春期的行为特征被证明不适合当前的环境条件，那么在这个阶段可以从根本上改变它们——这也许是最后一次改变行为的机会。此外，某些行为特征似乎主要在这一阶段形成，例如，动物对其他陌生动物的反应是平和的还是具有攻击性的。因此，青春期是一个敏感的生命阶段，可以在这个阶段对以前的行为进行调整。在此之后，个体就应该已经学会以最佳方式适应社会环境了。

按照我们目前所掌握的知识，行为的形成是一个从产前阶段到幼年期再到青春期的过程。为了得到全面的结果，我们必须提出的问题是，在青春期之后的生命历程中，是否还存在着一些敏感阶段，在这些阶段中，环境影响对之后的行为具有特别的塑造作用？据我们目前所知，即使到了成年，哺乳动物的行为仍然会因为社会经历而发生巨大的变化。社会生活的方方面面，例如在争斗中的胜利与失败，社会等级的升高与降低，以及获得与失去固定社会伴侣，都会伴随着激素平衡、神经回路和行为特征的强烈变化。

此外，动物还能终身学习新事物。这既适用于12岁的德国牧羊犬，也适用于30岁的海豚或50岁的大象，尽管学习过程在老年期要比在幼年期或青年期困难得多。行为的形成过程主要持续到青春期，但直到老年，行为仍有可能发生进一步变化。

个性的发现

从我们目前所了解的情况来看，同一物种在成年时的行为和气质上存在显著差异是不足为奇的。因为在不同的发展阶段，遗传倾向和社会经验相互作用，也会形成动物的独特性格。近年来，这种对“动物个性”的研究日益成为行为生物学研究的焦点。自2000年以来，以“动物个性”为主题的科学论文已经发表了5 000多篇。

几乎所有被分析的动物都证实了这一点：同一种群的动物不仅在性情和行为上存在差异，这些差异还会在很长一段时间内稳定不变。如果动物A今天比动物B更活跃、更勇敢，那么它通常在4周前也是如此，一个月后也会如此。第一眼看上去，这一发现似乎并不特别令人兴奋。你不会期望黑猩猩、大象或海豚会有什么不同的表现，而且每只狗的主人都知道“卢娜”与“艾玛”不同，“亨利”与“巴鲁”不同。然而，当你观察一下鸣禽、鱼类、爬行动物甚至昆虫的自然种群时，这一认识就会变得重要起来。这些动物也拥有长期存在的差异——它们形成了独特的动物个性。

让我们仔细看看研究中的一个例子。多年来，人们对比利时、德国、荷兰和英国的大山雀种群进行了研究。研究人员把这些鸟从其自然栖息地带走，在第二天把它们安置在一个有5棵树的大型鸟舍里。这些鸟儿四处飞来飞去，从一根树枝跳到另一根树枝，以了解陌生的环境。研究人员详细观察了每只动物的探索行为，发现大山雀个体之间存在很大差异。有的非常勇敢，很快就对新环境进行了探索；有的则表现得犹豫不决、谨慎畏惧；还有一些个体的性情介于这两个极端之间。观察结束后，每只大山雀都被放回自然栖息地，回到了之前它们被带走的地方。

几个月后，研究人员再次成功地捕捉到上次被捉到的大山雀中的一部分个体，并且对它们的探索欲望进行了观察。这次人们发现了一个值得注意的现象：几个月前比同类更勇敢的大山雀，现在也还是比同类更勇敢；在第一次研究中表现得犹豫不决的大山雀，在第二次研究中也表现得犹豫不决。由此可见，动物个体之间存在性格差异，而且这种差异持续了好几个月。

最近的研究表明，这种“动物个性”甚至出现在无脊椎动物身上。例如，叶甲科昆虫的不同个体在探索陌生环境的速度和主动程度上都有明显差异。如果 4 周后在一个陌生的环境中再次研究同一只个体的行为，也会发现同样的现象：在第一次研究中表现得勇敢的甲虫，在第二次研究中也表现得勇敢。

在几年前，类似于前述的关于大山雀的研究，科研人员展开了更大范围的调查，主要关注的内容是英国的动物是否普遍比比利时的动物更热衷于探索，荷兰森林地区的动物是否普遍比施塔恩贝格湖的同类更勇敢。为此研究人员会计算每个种群的探索欲望的平均值，包括该平均值周围的分散值。这些分散值在以前常会被认为没有进一步研究的意义。如今这种观点已经发生了巨大变化，个体成为了关注的焦点。平均值周围的分散值不再被视为没有科学意义，而是个性的体现。

对动物个性的研究还得出了另一种认识：行为的不同方面往往固定地结合在一起，从而形成所谓的“行为综合征”，借助刺鱼的例子，就可以很好地解释这个词的含义。研究人员对一群刺鱼进行了研究，首先他们测试了每条刺鱼探索陌生水族箱的速度有多快。与其他被研究的动物一样，刺鱼也表现出了截然不同的个体行为：有的刺鱼非常活跃，有的刺鱼比较被动，还有一些刺鱼的行为介于两者之间。第二项测试的内容是确定个体会如何对待未知的同类。同样，刺鱼的反应也非常不同，有的极具攻击性，有的则完全平和。最后，第三项测试测量了刺鱼在受到模拟鹭鸟攻击后恢复进食的速度。在这项测试中，刺鱼的反应范围也很广，既有表现勇敢的、相对较快恢复进食的刺鱼，也有暂时完全失去食欲的同类。

有趣的是，动物在不同情况下的行为——探索、与同类发生冲突、避开敌人等，并不是相互独立的，而是具有强关联性的。如果一条刺鱼在新环境中表现出探索性，那么它对同类也会表现出攻击性，并且在与敌人接触后很快又开始进食。然而，如果一条刺鱼在探索未知环境时犹豫不决，那么它对其他刺鱼也会表现得很平和，在受到鹭鸟攻击后也不会第一时间进食。显然，主动性、攻击性和勇气之间，以及被动性、平和性和克制性之间是相互关联的。

事实上，对各种动物的大量研究表明，不同行为系统之间经常存在这种联系。因此，对于刺鱼、叶甲科昆虫或大鼠来说，在新环境中表现得越主动和勇敢的动物，在其他生活领域也会越主动和勇敢。

然而，对动物个性的研究也对我们关于动物行为可变性的观点提出了质疑。传统上，人们认为动物的行为是灵活的，几乎可以根据情况而改变。这是因为自然选择应该偏向于那些在尽可能多的生活环境中表现出最佳行为的动物。因此，根据这一观点，最好的行为模式是在需要勇气的情况下，最好能比其他同类都更勇敢，而在焦虑是优势的情况下，最好能比其他同类都更克制。然而，正如我们刚才所看到的，动物的行为并非如此。相反，个体行为的适应性是有限度的，它们有自己的性格，也就是动物的个性。在生活中的很多情况下，动物都会表现出自己的个性，而且这种个性不能被随意改变。

我们又该如何解释这种现象？显然，行为特征一旦形成，就需要花费相当大的精力去改变它。为此，动物必须形成新的神经回路，并开启或关闭现有的神经回路，激素调节系统也需要被重新调整。所有这些都需要时间和精力。因此，这种情况也被行为生物学家称为“行为灵活性的代价”，这种代价最终导致动物不会不断调整自己的行为以适应所有可能的情况。相反，动物会形成相对稳定的行为特征，但其中没有一种特征能适应所有环境。勇敢的性格可能在觅食方面有一定的优势，但在躲避敌人方面有劣势；具有攻击性的性格类型可能会在与竞争对手的争斗中取得成功，但在选择配偶时并不完美。从进化生物学的角度出发，我们可以得出以下结论：不同的性格类型可以在同一种群中共存，但前提是它们的繁殖成功率相当，这是因为自然选择最终会评估每种动物将自己的基因复制给下一代的效率。不过，这也意味着，如果某种性格类型的动物繁殖成功率很低或根本不具备繁殖成功率，那么它就会从种群中消失。

最近，我们与一个由行为研究人员、神经生物学家、心理学家和计算机科学家组成的跨学科团队一起，对“个性”这个课题中与众不同的、令人兴奋的方面进行了研究。我们的想法是，全世界都认为，每一种动物以及人类的独特的行为特征都是由遗传倾向和环境影响相互作用而形成的。但是，如果所有个体都具有相同的基因型，并且都生活在相同的环境中，会发生什么呢？不同个体是否会形成彼此之间具有长期差异的动物个性？

为了回答这个问题，我们将40只携带相同基因的雌性小鼠在它们4周大时放入了第五章所述的结构丰富的仓棚式围栏中。所有小鼠都戴着微型芯片，围栏内到处都有天线，只要有小鼠靠近，就会触发信号，数据库就能实时确定哪只小鼠在何时何地出现。就这样，在3个月里，所有小鼠的活动都被日夜无间断地记录了下来。

对这些数以百万计的数据的分析表明，起初这些动物探索环境的方式几乎没有任何差异。然而，随着时间的推移，不同的行为特征逐渐显现出来。有些小鼠非常活跃，几乎可以在围栏内的任何地方找到它们；另一些则几乎一直待在某个固定的地方；还有一些小鼠的活动模式介于这两个极端之间。经过几个月的观察，几乎每只小鼠最终都形成了一种稳定的、具有特征的行为模式。总之，这项研究得出了一个惊人的结论：即使是生活在相同环境中的基因相同的动物，也会发展出不同的行为特征。

结论

哺乳动物行为的形成从产前阶段一直延续到幼年期和青春期，社会环境在这一过程中扮演着重要角色。在早期发展阶段，母亲会对后代的大脑发展产生重大影响，从而使幼崽的行为适应环境。然而，由于基因组成不同，后代个体可能会对母亲和其他社会伴侣的行为做出不同的反应。在遗传倾向和环境影响的相互作用下，个体就会出现特有的行为模式。青春期是行为最终定型的时期。在这一阶段，先前的行为模式可能会通过社会经历发生根本的改变，而这也许是最后一次改变。在此之后，个体就应该已经以最佳方式适应环境。

近年来，动物在其一生中形成的独特个性已成为研究人员感兴趣的焦点。尽管还有许多问题尚未解决，但我们已经可以指出，个体差异是行为的基本特征，只有在考虑到这个已知事实的前提下，我们才有可能全面了解动物。

第七章

它们给予帮助
并且进行杀戮

社会生物学革命
与基因的自私性

1975年，美国生物学家爱德华·威尔逊（Edward O. Wilson）出版了他的重要著作《社会生物学：新的综合》。通过这本书，他创造了行为生物学的一个新分支学科——社会生物学。威廉·汉密尔顿（William Hamilton）及罗伯特·特里弗斯等科学家早在多年前就已经为这一学科奠定了基础。

威尔逊认为，社会生物学的目标是解密所有社会行为的生物学基础，这样做是为了更好地理解包括人类在内的动物的社会生活。通过系统地将进化理论应用于昆虫、鱼类、鸟类和哺乳动物的社会行为，社会生物学将动物之间的关系、动物对同类的帮助，以及同类间的杀戮或性别角色等课题置于完全不同的视角下。

在行为生物学领域，这一新理论最初被人们以犹豫不决的态度勉强接受，但随后这一理论受到热烈欢迎，并且成为了解释动物行为功能和进化发展的一种方法。然而，由于威尔逊明确地将人类纳入了他的考虑范围，并提出了具有启发性的论点，因此他的理论也在人文科学领域引起了争论，并很快遭到了反对，"社会生物学"一词以及这一学科的论点引发了一场公开辩论。社会生物学能否或在多大程度上真正为人类行为提供全面的解释仍存在很大争议，但这不是本章的主题。更确切地说，本章将重点讨论社会生物学革命给人们对动物社会行为的理解带来的重大变化。为此，我们必须首先回顾一下查尔斯·达尔文和他的进化论。

达尔文的问题

达尔文在《物种起源》一书中指出了生物进化的两个基础因素。

首先，每种动植物中的个体之间必须存在差异，这些差异至少有一部分是遗传性的，并因此代代相传。其次，个体在繁殖成功率上必须存在差异。

作为一个物种，我们人类自己的情况就很好地说明了第一点的含义：人有高有矮，人的眼睛有蓝色、棕色或黑色之分，我们的皮肤和头发的颜色不同，体重也不同。一方面，这些差异是由父母传给子女的不同的遗传基因造成的。另一方面，根据不同的特征，环境也会产生或大或小的影响。例如，一个人眼睛的颜色几乎不会受环境影响而改变，也就是说，个体之间的有关于眼睛颜色的差异几乎完全基于遗传差异，而身高或体重等特征则会受到饮食等环境因素的显著影响。然而，在生物进化过程中，只有相应特征的可遗传部分起作用。

就第二点而言，达尔文假设，在每个物种中，有些个体留下的后代多，有些个体留下的后代少，还有些个体根本没有留下后代。对大量动物物种的行为生物学研究证明，情况确实如此。例如，科学家对苏格兰一个小岛上的欧洲马鹿种群进行了多年研究。这里的雌鹿一生平均产下 4~5 只成活的小鹿。然而，尽管有些雌鹿能生育多达 13 只后代，但约有三分之一的雌鹿根本没有繁殖成功。雄性动物之间的差异甚至更大：少数雄性动物能生育多达 24 只后代，而超过 40% 的雄性动物根本没有任何后代。

正如达尔文所认识到的，这两个因素的结合——生物体的外观、生理和行为特征的遗传差异，再加上繁殖成功率的个体差异，导致了种群遗传组成的长期变化。因此，如果具有某些遗传特征的动物比具有其他遗传特征的个体留下更多的存活后代，那么它们的特征在种群中就会以更多的数量存在。这正是进化过程的特征。

但是，是什么决定了存活后代数量的不同？达尔文的回答基于两个在他那个时代已经众所周知的事实：首先，每种动物生育的后代数量都远远超过建立和维持下一代所需的数量；其次，虽然生育的后代数量如此多，但绝大多数物种的总数在许多代中都几乎保持不变。

达尔文认识到，这是因为后代中的大多数个体会死亡，只有少数能存活到性成熟期，之后能繁衍后代的就更少了。例如，在太平洋的一种鲑鱼中，一只成年雌鱼会产大约 6 000 个卵，这些卵由一条雄鱼进行授精。然而，如果一代又一代的动物数量大致相同，这就意味着这 6 000 个受精卵中平均只产生一条雌鱼和一条雄鱼，这两条鲑鱼在 5 岁时开始繁衍下一代。在银鸥种群中也观察到了同样的情况：一对状态良好的银鸥在每个繁殖季节产 3 枚蛋，整个生命周期大约产 30 枚蛋。从统计学的角度看，这些鸟蛋中只能产生 2 只成年银鸥，然后这两只银鸥再繁衍后代。最大数量的损失发生在性成熟期之前，在一些种群中，25% 的鸟蛋根本无法成功孵化；在孵化出的幼鸟中，大约 40% 的个体会在学会飞翔前死亡，其中大部分在出生后的第一周死亡，另外有 40% 无法活过冬天。

达尔文发现了哪些动物能生存和繁衍，以及哪些动物灭亡绝非巧合。那些因基因组成而更能适应环境的个体，即那些能更快地识别捕食者、更好地利用食物、更有效地求偶，以及为后代提供更好的照顾的个体，比那些能力较弱的同类更有可能生存和繁衍。使亲代能够成功存活和繁衍的基因组成会传给下一代，而那些没有繁衍的个体的基因组成则会丢失。

这一自然选择过程使种群中的动物变得越来越适应环境。同时，这也使它们的行为朝着一个基本目标发展：最有效地将自己的基因传给下一代。这意味着，所有动物行为的终极目标都是最大限度地提高自身的繁殖成功率，用生物进化学的术语来说，就是最大限度地提高达尔文适合度。

几十年来，这个理论一直存在一个巨大的问题，因为它假定动物应该因自然选择的作用而“预先设定”自私的行为方式。动物的行为应该服务于自身繁衍，并且尽一切可能把自己的基因传给下一代，利己原则应该占上风。然而，如果你环顾动物王国，很快就会发现许多似乎与这一原则相悖的例子。

许多蜜蜂以及所有蚂蚁都生活在群体中，个体被分配到不同的等级，完成不同的任务。例如，蚁后负责繁殖，工蚁则负责照顾幼蜂或作为士兵保卫蚁群。值得注意的是，工蚁是不育的，它们不会繁殖。

问题就在这里：既然自然选择从根本上重视后代的数量，又怎么会偏向于不生育呢？对蚁后来说，如果它的工蚁为它和它的后代提供食物，或者牺牲自己来抵御敌人，这无疑是有利的；但对工蚁本身来说，这似乎是不利的。另一个例子是许多鸟类和哺乳动物的警告叫声。当动物发现捕食者时，会发出预警声，附近的所有同伴立即向安全地带转移。然而，发出警告的动物往往会把捕食者的注意力吸引到自己身上，增加了被杀死的危险。第一眼看上去，这种无私的行为似乎与达尔文的进化论不相容。这种行为增加了其他伙伴的生存概率，也增加了它们成功繁衍后代的机会，但使自己的生存和未来的繁衍无法得到保障。如果这种行为的目的是获得最大的适合度，那么动物为什么不在不发出警告的情况下逃跑，而是将自己置于危险之中呢？

第三个例子是许多哺乳动物的集体哺乳。例如，小鼠和狮子的母亲不仅为自己的孩子提供乳汁，也为其他雌性动物的后代提供乳汁。但它们为什么要这样做呢？如果只看重自己幼崽的数量，那么根据达尔文的进化论，它们就应该把所有资源都留给自己的后代，而不是为其他同类提供良好照顾。

值得注意的是，达尔文自己也清楚地认识到，他的进化理论并不能完全解释这种看似无私的行为。最重要的是，自然选择如何产生了不育的、生活在群体中的昆虫等级，这个问题令达尔文头痛不已。他没有找到令人满意的答案。但从今天的角度来看，当达尔文猜想这与动物之间的亲缘关系有关时，他已经非常接近正确答案了。

谬误与传说

几十年后，康拉德·洛伦茨和他那个时代的大多数生物学家不再认为无私的利他行为是个问题。因为与达尔文不同，他们认为这种行为是为了物种的利益，而不是为了最大限度地提高自己的繁殖成功率。简单地说，从根本上讲，谁生存、谁死亡，谁发出警告、谁被吃掉，谁繁衍后代、谁照顾后代并不重要——最重要的是物种能够延续下去！直到 20 世纪 90 年代，这种认为动物的行为是为了物种的利益，其行为是为了保护物种，甚至为此牺牲自己的观点在科学界依然很普遍。时至今日，这种观点在公众舆论和科普报道中仍然无处不在。

但今天，我们认为这种观点是错误的。为什么呢？美国漫画家加里·拉尔森（Gary Larsson）用独到的方式总结了主要论点。他在一幅漫画中，展示了旅鼠试图从悬崖上跳入大海的画面。拉尔森的漫画涉及一个传说：旅鼠会为了物种的利益而集体自杀，这样，少数没有和它们一起迁徙的同类就可以获得足够的生存资源。这种传说认为，当这些小型啮齿动物的种群数量过多，所有成员都无法再找到食物时，它们就会迁徙。

但与传说不同的是，漫画中的跳海的旅鼠与其他旅鼠截然不同，它戴着救生圈。漫画家一针见血地指出：这种群体中所有成员的行为都是为了群体利益的想法，只有在没有出现具有利己行为的动物的时候才有效。在旅鼠的例子中，所有为了物种利益而做出无私行为的动物都会死亡，而它们的基因也会随之灭亡。而利己主义者则会生存下来，并将其基因传给下一代。在漫画的象征性表达中，这意味着这只旅鼠的后代也都会戴着救生圈，为物种利益而无私奉献的行为迟早会从种群中消失。从进化生物学的角度来看，这意味着与利己的行为相比，无私的行为在进化上并不稳定。

因此，旅鼠自杀式大规模迁徙的传说被证明是一个谣言也就不足为奇了。的确，栖息在北半球北极地区的这种小型啮齿动物的数量是有循环规律的，其周期为3~4年。在周期中，动物的数量会增长100倍以上，然后在很短的时间内崩溃，导致该地区随后只剩下几只。之后，这种循环又重新开始。然而没有任何生物学事实可以解释这是由大规模自杀而造成的种群减少。对于生活在格陵兰岛的一种环颈旅鼠来说，几十年来的研究表明，旅鼠种群主要是被捕食者消灭的，尤其是白鼬。随着旅鼠数量的增加，白鼬也会大量现身在其栖息地。

同样可以想象的是，对于生活在阿拉斯加或斯堪的纳维亚半岛的其他旅鼠来说，食物短缺会导致个体迁出数量增加，也就是说，这些动物会进行迁徙，从而导致当地的旅鼠数量急剧下降。这种迁徙并非没有危险，例如，当需要穿越一片水域时，就会发生死亡，因为总是会有旅鼠被淹死，对此类事件的观察很可能就是集体自杀传说的源由。1958 年的电影《白色荒野》声称记录了旅鼠迁徙的过程，而这部电影很可能对旅鼠自杀传说的流行起到了推波助澜的作用。人们在影片中看到的旅鼠跳下悬崖的场景并不代表这是动物的自然行为，这是为了达到宣传效果而在摄影棚中特意策划的。

亲缘关系的重要性——拜氏黄鼠的告警行为

即使旅鼠的集体自杀已被证明是虚假的，研究人员还是发现了许多其他看似无私行为的例子，它们都已被科学证明是确实存在的。这些行为包括前面提到的为陌生同类的后代哺乳、警告其他同类或心甘情愿地处于无生育能力的社会等级之中。如果这种行为在进化过程中与利己行为相比并不稳定，又怎么会在进化过程中出现呢？20 世纪 60 年代中期，英国生物学家威廉·汉密尔顿的理论研究为这些问题提供了重要答案——理解这一现象的关键在于理清动物之间的亲缘关系。

美国行为科学家保罗·谢尔曼（Paul Sherman）对拜氏黄鼠的告警声进行了一项令人印象深刻的研究，这项研究清楚地说明了亲缘关系的重要性。拜氏黄鼠属于非洲地松鼠亚科，它们生活在美国西部山区的大型群体中。它们必须时刻保持警惕，因为它们要面对数量众多的捕食者——猛禽、獾、郊狼、貂和黄鼠狼。如果地面的敌人接近某只拜氏黄鼠，负责警戒的拜氏黄鼠就会发出警告声，然后所有同类都会立即向安全地带转移。但这样做的风险也是可想而知的，在谢尔曼的研究中，发出警告声的拜氏黄鼠中，几乎10%的个体吸引了地面捕食者的注意，导致它们被吃掉；在所有被捕食者杀死的拜氏黄鼠中，有50%的个体在不久前发出过警告声。随后，谢尔曼分析了哪些动物会发出警告，在此过程中，他有了一个惊人的发现，并不是所有个体都同样承担了告警这一高风险工作：成年雌性发出警告声的频率异常地高，而成年雄性则大多保持低调。

谢尔曼了解这些动物之间的亲缘关系。他知道，雌性拜氏黄鼠一生中通常都有雌性亲属围绕在其周围。“祖母”“母亲”“女儿”“孙女”“姨妈”“姐妹”和“表姐妹”组成了一个雌性亲属家族。相比之下，一个地区的成年雄性拜氏黄鼠彼此之间或与雌性之间都没有亲缘关系，因此这些雄性的周围通常是非亲属个体。这些不同的模式是由雌性后代和雄性后代不同的迁徙行为造成的。达到性成熟期后，年轻的雄性后代会永久性地迁徙到更远的地区，而雌性后代则在其出生地附近建造自己的洞穴。

谢尔曼想知道，莫非雌性拜氏黄鼠发出警告是为了保护自己的亲属？而雄性拜氏黄鼠不告警正是因为没有亲属？为了验证这一假设，他将周围有许多亲属的雌性与不再有任何在世亲属的雌性进行了比较。事实上，有自己后代的雌性发出的警告声明显多于没有后代或其他亲属的雌性。即使附近没有后代，但有母亲或姐妹，它们发出的警告声也明显多于没有任何亲属的雌性。由此可见，雌性拜氏黄鼠在其周围有多少亲属居住方面存在差异，而它们告警的频率也与这种情况相对应：附近的亲属越多，雌性拜氏黄鼠告警的频率就越高。因此，这种高风险行为主要有利于亲属。

如今，对各种物种进行的无数研究证实，亲缘关系对动物如何对待其他同种动物有着决定性的影响，这种情况不仅出现在拜氏黄鼠身上。一般来说，动物并不会对所有同类都表现出无私、乐于相助等利他主义的行为，而主要是对近亲表现出这类行为。

威廉·汉密尔顿与亲缘选择

但是，为什么亲缘关系对社会行为的进化具有如此显著的意义？如前所述，威廉·汉密尔顿早在谢尔曼研究的十多年前就已经从理论上找到了答案。他从达尔文的思想出发，认为亲代动物为幼崽提供食物、保护幼崽免受捕食者的伤害或为幼崽牺牲自己，这些基本上都是不足为奇的。因为从生物进化学的角度来看，这种看似无私的行为其实是自私的：由于后代携带着亲代的基因，亲代会通过照顾、保护和帮助后代来提高自己的繁殖成功率，即使这样做会给自己的健康和生命带来高昂的代价和风险。换句话说，通过这种行为，父母有助于增加其基因在后代中存续的比例。

汉密尔顿认为，对亲属的利他行为与父母对子女的利他行为并非完全不同。这是因为，个体基因的复制品不仅会出现在自己的后代身上，也会以一定的概率出现在亲属身上。在像人类一样携带双套染色体的动物身上，每个基因都有两种变体，即等位基因。每个个体从父亲那里获得一半等位基因，从母亲那里获得另一半等位基因，并相应地将一半等位基因传给每个子女。因此，某个等位基因（例如眼睛的颜色）从母亲传给女儿的概率是50%，女儿将这一等位基因遗传给自己女儿的概率也是50%，孙女仍然携带祖母的等位基因的概率相应为25%。根据同样的原理，也可以计算出其他亲属基因遗传的概率，例如，外甥女、外甥、侄女、侄子携带与姨妈、舅舅、姑姑、伯伯、叔叔相同的等位基因的概率为25%，而两个表兄弟姐妹拥有来自共同祖先的相同的等位基因的概率为12.5%，兄弟姐妹拥有相同的等位基因的概率为50%，同卵双胞胎的概率为100%。一般来说，两个个体之间的亲缘关系越近，他们拥有的相同的等位基因就越多。

然而，这样的想法也意味着，无论哪个个体生育自己的后代还是帮助其兄弟姐妹抚养两个后代，对于这个生物体体内的等位基因的传递来说，都是一样的。因为无论是拥有自己的后代还是两个外甥女或外甥，其自身基因传递给下一代的复制品都是一样多或一样少。根据这一逻辑，有一个亲生后代和3个外甥女或侄女的个体A，其传递给下一代的自身基因要多于拥有两个亲生后代而没有外甥女、外甥、侄女、侄子的个体B。

如前所述，在进化生物学中，个体对下一代基因库的贡献被称为“适合度”。不可否认，这个名词可能在生物学之外导致误解。汉密尔顿认为，任何个体的适合度都由两部分组成。第一部分是个体遗传给后代的基因比例，这部分适合度被称为“直接适合度”；另一部分是由于共同祖先而存在于亲属中，并由亲属传递给后代的基因比例，汉密尔顿把这部分称为“间接适合度”。自然选择最终评估的不仅是达尔文所认为的、由自己的后代所代表的直接适合度，而是个体的广义适合度，即直接适合度和间接适合度的总和。

在我们的例子中，个体 A 有一个亲生后代和 3 个外甥女，因此比有两个亲生后代，但没有外甥女、外甥、侄女、侄子的个体 B 的间接适合度要高，这也意味着 A 的广义适合度也比 B 高。对于 B 来说，其直接适合度等于整体适合度，因为 B 既没有外甥女或侄女，也没有外甥或侄子。如果问在一个种群中，是 A 的基因变体占优势还是 B 的基因变体会占优势，那么答案是 A。因为自然选择最终倾向于能以更高的效率将基因传递给下一代的变体，也就是 A 的基因变体，因为它的广义适合度更高。

因此，如果某个个体完全或者部分放弃拥有自己的后代，但以各种方式帮助亲属保护、照顾并支持他们的后代，那么这种行为在进化过程中就可能占上风，其前提是满足一个条件：这种利他行为最终会带来比生育和抚养自己后代更高的广义适合度。用著名的汉密尔顿公式表述为，当利他主义者的成本低于接受支持者的收益乘以利他者与接受支持者的亲密程度时，利他行为就有利于进化。

因此，利他行为不应只针对自己的子女，因为个体的达尔文适合度不仅取决于他们自己，还取决于其亲属的繁殖成功率，这就意味着，对亲属表现出的利他行为最终被证明是自私的。这种利他行为绝不意味着利他主义者会无私地提供帮助，并且从中不获得任何好处。相反，这种行为最终是将自己的基因复制给下一代的有效方式。

为了防止可能出现的误解，我们应该指出的是，动物自然不会有意识地考虑它们与哪些同类有亲缘关系，以及其亲缘关系有多近，也不会计算哪种行为对自己的直接或间接适合度有利。更准确地说，在自然选择的作用下，这些动物经过许多代的“编程”，导致它们的行为方式会最大限度地提高它们的广义适合度。

但是，动物如何知道它们与谁有亲缘关系，与谁没有亲缘关系？很可能其实它们根本就不知道这些信息，而是遵循简单的、与生俱来的规则。举例来说，如果某只拜氏黄鼠只在哺乳时，以及有从幼年和少年时期就开始接触的同类在场时，才发出警告叫声，那么这样就会自动形成一种只有近亲在附近时才发出警告声的行为模式。

近几十年来，数以百计的实例证明了动物的实际行为符合这一亲缘选择理论，而且也只能根据汉密尔顿的发现来解释拜氏黄鼠的研究结果。雌性拜氏黄鼠通常有雌性亲属围绕在其周围，如果它们发出警告，这有助于它们的雌性亲属的生存。通过这种方式，它们可以大大提高自己的间接适合度，从而提高广义适合度。然而，如果一只雌性拜氏黄鼠的所有雌性亲属都已死亡，那么就算它发出警告声，也不能获得更高的间接适合度，只是增加了自己被吃掉的概率。从逻辑上讲，这就降低了它将来生育后代的概率。同样的道理也适用于雄性拜氏黄鼠，因为雄性拜氏黄鼠的周围除了可能有其雄性与雌性后代，还有很多无亲缘关系的同类。这就不难理解，为什么没有雌性亲属的雌性拜氏黄鼠，以及雄性拜氏黄鼠只在极少数情况下才冒着危险发出警告声，或者根本不发出警告声。

集体哺乳也可以用亲缘选择来解释。在自然栖息地，雌鼠和雌狮除了给自己的后代哺乳，不会随便给其他的幼崽哺乳。更准确地说，它们通常给雌性亲戚的后代，特别是姐妹的后代哺乳。这样，它们就能提高外甥女或外甥的发展机会，从而有助于提高自身的广义适合度。因此，动物的行为在此也不是利他的，而是最终促进了自身基因的传递。

出于同样的原因，许多鸟类和一些哺乳动物中存在后代即使已达到性成熟期，也不会离开其原始群体的现象。它们会留在父母身边，帮助抚养自己的兄弟姐妹。例如，非洲黑背胡狼就证明了这种帮助实际上对新生幼崽有积极影响。在黑背胡狼群体中，帮助者的数量越多，存活下来的黑背胡狼幼崽数量就越多，因为帮助者会为其兄弟姐妹和母亲提供食物，并保护它们免受敌人的攻击。帮助者所获得的益处在于，除了可以积累抚养幼崽的经验，还可以增加自己的间接适合度，因为它们与其兄弟姐妹共享高比例的相同等位基因。

表面上看起来，利他主义行为的最极端情况之一是形成无生育能力的等级。特别是在蚂蚁和蜜蜂群体中，有无数的个体放弃繁殖，从而使自己的全部行为都服务于群体。汉密尔顿注意到，这些昆虫都属于膜翅目昆虫，这类昆虫有一个遗传特征，即“单倍二倍性”。

这意味着这些动物中，雌虫由受精卵发育而成，和人类一样具有二倍体，即两组染色体。每个基因由两个等位基因组成，一个来自父亲，一个来自母亲。与此相反，雄虫是由未受精的卵子发育而成的，因此，它们没有父亲，只具有单倍体，即单组染色体，每个基因只有一个等位基因。

汉密尔顿注意到，单倍二倍性对动物之间的亲缘关系程度具有令人惊讶的影响。因为这种影响，与所有其他二倍体动物相比，其特殊之处在于，姐妹之间的关系比母亲与女儿之间的关系更为密切。这是因为女儿从母亲那里遗传到特定等位基因的概率是50%，然而，由于父亲只有一组染色体，两姐妹从父亲那里遗传到相同等位基因的概率是75%。

蚂蚁和蜜蜂群体主要由雌性动物组成。不育等级中的成员都是姐妹，它们帮助自己的母亲——蚁后或蜂王，养育更多的姐妹。如果这些动物自己放弃繁殖，它们就不会获得任何的直接适合度。然而，由于姐妹之间的亲缘关系程度极高，它们通过帮助母亲繁殖更多姐妹，可以获得相当可观的间接适合度。从纯数学的角度来看，与自己生育后代相比，实际上它们通过帮助抚养姐妹，更能最大限度地提高自身的广义适合度。

由此可见，汉密尔顿令人信服地证明，在亲缘关系密切的动物之间，以极端形式存在的帮助性行为是由单倍二倍性这一遗传特征促成的。同时，他也回答了在进化论中，达尔文未能够解释的问题之一：当动物界出现看似无私的行为时，大多数情况下都是针对亲缘关系较近的同类，这种现象可以借助汉密尔顿的亲缘选择理论来解释。

无亲缘关系的动物之间的互助

然而，在动物界中，也有一些无亲缘关系的动物之间互相帮助的例子，这些例子第一眼看上去似乎是利他主义的，普通吸血蝙蝠就存在这种情况。这种蝙蝠生活在中美洲和南美洲，会集成较大的群体，栖息在洞穴或空心的树木中。人类社会中流传着它们的特殊行为——分享血餐。顾名思义，这些动物常在夜间活动期间，从较大的哺乳动物（如牛或马）身上采集血液为食。它们极度依赖这种食物，如果没有新鲜血液，它们几天后就会死亡。哥斯达黎加的一项研究表明，不能采集血液的个体会由其栖息地的群体成员进行喂食。正如亲缘选择理论所预测的那样，雌性会优先与自己的后代和其他亲戚共享血餐。然而，值得注意的是，它们偶尔也会根据需要，把血餐分给没有亲缘关系的群体成员。不过，这只适用于那些与它们保持密切关系的成员，这些成员很有可能会在它们遇到紧急情况时，以相同的方式来报答它们的帮助。

因此，分享血餐并不是一种随机行为，并且不能完全用动物之间的亲缘关系来解释。更确切地说，这种行为似乎至少部分基于美国进化生物学家罗伯特·特里弗斯提出的互惠利他主义原则："如果我帮助你，你也应帮助我。"这意味着，这种帮助是建立在对等基础上的。只有那些愿意帮助自己的动物才会得到血餐。

另一个经常被引用的非亲属间互助的例子来自东非狒狒，它们之间的互助也会在以后得到回报。在东非狒狒群体中，如果一只处于劣势地位的雄性狒狒 A 帮助另一只处于劣势地位的雄性狒狒 B 引开通常与某只雌性狒狒交配的首领，那么狒狒 B 就可以与这只雌性狒狒交配。有趣的是，当下一次交配机会出现时，就由之前接受过帮助的狒狒 B 为帮助过它的狒狒 A 提供引开首领的帮助。

自从特里弗斯提出互惠利他主义理论来解释动物界出现的非亲属间的帮助行为以来，已经过去了 50 多年。然而，由于帮助者从帮助中获益的程度与被帮助者相同，因此也意味着这种行为并不是真正的利他行为，所以这一术语已经多年来没有被人们使用过了。取而代之的是，如今常被提到的互惠性，即延时的互助。事实上，在动物的日常生活中，这种类型的帮助比人们最初想象中的更为常见。例如，在某些猴子群体内就可以发现这种情况："下午时分，我只与那只在早上给我仔细挠过痒的同类分享我的食物。"

无亲缘关系的动物之间最常见的合作方式是，所有个体都能立即从合作中获益，而不是经过一段时间后才能获益。非洲野犬的合作狩猎就为此提供了一个生动的例子。野犬群通过追逐狩猎的方式猎杀猎物，尤其是瞪羚和羚羊。在狩猎过程中合作的伙伴越多，狩猎成功率就越高。因此，每只非洲野犬都能从相互帮助中直接获益。

在进化过程中，无亲缘关系的动物之间能形成这种互助形式，这一点相对容易解释。因为提供帮助的动物会立即获得直接的好处：可以更好地获得食物，在其他情况下，还可以更好地保护自己免受敌人的伤害。这些因素有助于生存，因此归根结底也是将自己的基因传给下一代的方法。

事实证明，帮助无亲缘关系的动物的行为，与帮助有亲缘关系的动物的行为一样，都是对自己有利的。因为每当进行更仔细的行为分析时，通常都能显示出：不仅被帮助者能从中受益，帮助者也同样能从中受益。

为了自身利益而杀死同类

根据目前的研究水平，动物在自然选择的作用下被“编程”，使其以最高效率将自己的基因复制给后代。因此，它们的行为并不是为了物种的利益，而是根据利己原则，最大限度地提高自身的广义适合度。如果帮助同类有助于实现这一目标，那么个体就会提供帮助，即使它们的行为看上去似乎是无私的。但如果其他手段更合适，它们就会采取相应的行为：威胁、争斗、逼迫、欺骗，甚至不惜杀死同类。

因此，许多物种，从有蹄类到猴类再到海豚，都能观察到雄性对雌性的性骚扰。在各种各样的动物社会中，包括象海豹与红毛猩猩，尤其是年轻的、处于低等地位的雄性会强迫雌性违背自己的意愿进行交配。这些形式的胁迫会对被逼迫的雌性造成极大的伤害，而同时也会增加雄性传递自己基因的机会。

成年雄性动物杀死幼崽——这是为了最大限度地提高适合度而杀死同类的引人注目的例子。人们常常可以在生活于固定群体中的长寿哺乳动物遭到外来雄性入侵时，观察到这种现象。在包括类人猿在内的新大陆猴类与旧大陆猴类，以及啮齿动物和食肉动物中，杀死同类的幼崽是经常发生的事情。同类被杀死的幼崽在幼崽死亡率中占了很大比例。例如，在山地大猩猩群体中，超过三分之一的幼崽死亡率是因外来雄性杀死幼崽而造成的。

在非洲狮群中，有关外来雄狮杀死幼崽的记载尤为详细。狮群通常由许多头有亲缘关系的雌狮和 2~3 头与雌狮没有亲缘关系的雄狮组成。雌狮在狮群中出生，并终生留在狮群中；雄狮则通常是兄弟，它们在壮年时期仅在该狮群中生活两年左右。在此期间，它们与母狮一起繁衍后代，并且会不断受到外来雄狮的攻击，但它们能在一定时间内成功抵御这些攻击。然而，最终它们会被更年轻、更强大的竞争对手打败并赶走，然后这些竞争对手会在接下来的 2 年里接管狮群，直到它们也被四处游荡的狮子兄弟制服，并且不得不逃离狮群。

值得注意的是，接管狮群往往伴随着杀死幼崽。新来的雄狮打败并赶走之前的雄狮后，会故意咬死前任雄狮所生的尚未断奶的幼崽。过去，这种行为被解读为一种疏忽或社会行为障碍。一些生物学家甚至认为，杀死幼崽是为了物种的利益，因为这可以为幸存的动物提供更多的资源。然而，如果我们从利己原则出发，并且假设雄狮的行为最终是为了最大限度地提高自己的适合度，那么我们就会得出完全不同的解释。

雄狮只有在作为狮群成员的两年左右期间，才拥有很好的机会生育后代。但是，只要某只雌狮仍在哺育幼崽，它就会因为激素的原因而不排卵，这个过程被称为哺乳期闭经。在幼狮断奶之前，雌狮不会再次怀孕。因此，如果雄狮在接管狮群后杀死未断奶的幼崽，雌狮就可以更早地为再次繁殖做准备。因此，杀死尚未断奶的幼崽可以提高雄狮的繁殖成功率。由此可见，杀死幼崽既不是为了物种的利益，也不是一种行为障碍。更确切地说，这种行为能使雄狮最有效地将自己的基因传给下一代。

那么雌狮呢？与雄狮相反，杀死幼崽会导致雌狮的繁殖成功率大大降低，因此杀死幼崽并不符合雌狮的利益。事实上，雌狮通常会努力防止自己的幼崽被杀。它们会避开新来的雄狮。如果这样做不起作用，雌狮就会威胁甚至攻击雄狮。有时，它们甚至会带着尚未断奶的后代离开狮群。然而，雌狮的对策收效甚微。一方面，雄狮在力量和战斗力上明显优于它们，另一方面，幼崽在狮群外存活的可能性很小。因此，杀死幼崽以及尝试阻止杀死幼崽的例子，也表明了同一物种中雄性和雌性有着完全不同的利益考量。雄性和雌性都试图最大限度地提高自己的适合度，因此它们之间的冲突是不可避免的。

兄弟姐妹之间也会发生冲突，在极端情况下，这种冲突甚至会造成致命后果。如果母亲的奶量少于后代的需求，或者母亲不愿意提供可满足后代需求的奶量，那么它的后代有时就会非常激烈地争夺这一重要资源。例如，猪在出生后的最初几天就会在激烈的争夺中形成“乳头排序”：最强壮的仔猪会占据母猪前面的乳头，因为那里有更多并且更好的营养；弱小的同窝仔猪只能吃后面的乳头，那里只有较少的营养。毫不奇怪，在前面的乳头吃奶的仔猪比在后面的乳头吃奶的仔猪发育得更好。

兄弟姐妹竞争造成严重后果的极端例子之一来自生活在非洲大部分地区的斑鬣狗。雌性斑鬣狗通常会生下两只幼崽，并哺育它们一年之久。刚出生时，小斑鬣狗的犬齿和门齿就已经发育良好。从出生的第一天起，兄弟姐妹就具备了争夺优势地位的攻击性。幼崽之间争斗的结果对进一步的发展起着决定性的作用，因为占优势的幼崽随后会获得更多的乳汁。特别是在食物短缺的时候，由于母亲必须付出更多的努力去寻找食物，因此奶量会相应减少，成为一种更具有排他性的资源。兄弟姐妹之间的争斗也会随之急剧增多。在这时，经常会发生占优势的幼崽杀死处于劣势的兄弟或姐妹的情况。随后，幸存下来的小斑鬣狗的体重会迅速增加，并且会在未来拥有更好的发展机会。

尽管兄弟姐妹携带着很高比例的共同基因，根据汉密尔顿的亲缘选择理论，人们更期待这些动物之间互相帮助而不是互相攻击，但如果在恶劣的生态条件下，杀死兄弟或姐妹有利于自己的生存，并带来更高的广义适合度，那么这种杀戮行为就会发生。和杀死幼崽一样，杀死兄弟姐妹既不是一种行为障碍，也不会给物种带来益处。相反，这种行为是为了满足个体的私利而产生的。

此外，许多研究表明，成年雄性动物之间的打斗也会导致严重伤亡，这种情况比人们最初设想的要多得多。以欧洲马鹿为例，据估计，有 20%~30% 的雄鹿在其一生中因打斗而遭受永久性伤害。生活于亚洲的獐可以用犬齿给对手造成致命伤，许多鹿类和羚羊类会用角刺伤对手。杀害同类的禁忌显然并不存在。正如这些例子所表明的那样，古典动物行为学的教条——动物会为了物种的利益而避免杀死同类，已被证明是一个谣言。

“黑猩猩的战争”也说明了这一点。40 多年前，珍妮·古道尔首次描述了坦桑尼亚贡贝国家公园中一个较大黑猩猩群的雄性黑猩猩是如何联合起来，在几年内杀死了一个邻近较小黑猩猩群的所有雄性黑猩猩的。这使得攻击者至少暂时性地显著扩大了自己的领地。

如今我们知道，黑猩猩的这种具有战争性质的攻击行为并非个例。在过去的几十年里，总共有大约150起黑猩猩被同类杀害的事件被记录下来，其中三分之二的死亡是由于不同群体之间的激烈冲突造成的。几乎在所有情况下，攻击者的数量都远远多于受害者。根据这些数据，在极端情况下，一个群体中会有多达28只雄性结成联盟，攻击另一群体的动物。它们不仅杀死了单只或数只雄性动物，还杀死了带着幼崽的母亲。这种致命的袭击几乎发生在所有对黑猩猩进行长期观察的研究区域。

为什么自由生活的黑猩猩会有这样的行为呢？答案是因为凶手能从中获益。在不冒太大风险的情况下，通过杀死没有亲缘关系的对手，它们可以扩大自己的领地，获得重要的资源、食物及交配伴侣。因此，我们完全有理由相信，“黑猩猩的战争”也是由自然选择的作用而产生的。有些人一再声称，致命冲突是由于砍伐森林、狩猎或人工饲养等人类的非自然干扰造成的，但这种说法没有任何科学证据。

雄性与雌性

社会生物学的革命也导致了对性别角色的重新评估，特别是雌性动物的行为在今天看来与过去完全不同。然而，为了能够理解近几十年来发生的重大变化，我们必须首先简要讨论一下“性选择”的概念。达尔文已经明确指出，动物不仅要生存、寻找食物和躲避敌人，还必须成功地争夺交配对象。它们在这方面做得越好，其繁殖成功率就越高。他将这一过程称为“性选择”，并将其区分为两种形式。

一种形式是性内选择，雄性通常通过威胁和打斗行为相互竞争，从而确定谁更强壮并且可以自由接触雌性。之后，获胜者与雌性交配，借此将自己的基因传给下一代。这种争夺交配对象的竞争形式在动物界非常普遍，并且以一种令人印象深刻的形式出现。例如欧洲马鹿在发情期，雄鹿之间变得完全互不相容，起初，它们在大声的吼叫比赛中比拼自己的实力。在这个过程中，双方的吼叫频率会不断增加。长时间进行吼叫比赛需要消耗大量的体力，而体力出色的雄鹿通常可以长时间坚持比赛。因此，体力上的较量往往通过这种叫声比赛就能决定输赢。然而，如果不能以这种方式明确分出胜利者，那么双方就会进入下一阶段，即“平行竞走”。两个对手在近距离内来回行走，并试图评估对方的战斗力。通常，两只雄鹿中的一只随后会退出。但如果无论是通过吼叫比赛还是“平行竞走”都无法决定谁更强壮，那么争斗就会升级，直到最终确定谁是胜利者，谁是失败者。无论通过哪种方式分出胜负，胜利者都可以自由地接近雌鹿，并可以不受干扰地与其交配。

达尔文认为，雄性会通过威胁和打斗行为来争夺异性，而占优势的雄性随后会繁衍后代，这一观点很快得到了科学界的认可。但有趣的是，一百多年来，这种在很多情况下都正确的观点却被人们自动与另一种观点联系在一起，即雌性的反应往往是被动的、犹豫的和谨慎的。事实上，直到20世纪80年代，被大众认可的教科书中都还在讲述动物界中存在针对“雌性的脆弱性”的强烈选择倾向。

事实上，达尔文绝不认为雌性的角色是被动的。相反，他认为除雄性争夺雌性的性内选择外，还有第二种形式的性选择，即性间选择。在这种情况下，通常应该是雌性通过自己的行为和选择来决定与哪只雄性交配。可能是由于时代精神的影响，达尔文的这一观点在一个多世纪的时间里基本上被忽视了。然而，如今我们已经知道行为生物学中有无数的例子能够证明，实际上是雌性决定自己与哪只雄性进行繁殖。由此可见，雌性绝不是雄性求偶行为和性行为的被动接受者。相反，在许多动物中，几乎所有的性互动都是由雌性发起的。

雌性的形象之所以发生如此大的变化，还与一种新的检测方法的发展有关：借助遗传指纹的亲子关系证明。从 20 世纪 90 年代起，人们已经可以从一些皮肤细胞、毛发或羽毛中可靠地确定谁是这一个体的父亲。

特别是随后对鸣禽的研究带来了非常令人吃惊的结果。这种动物一直被认为是忠诚的象征：雄鸟和雌鸟结成一对，共同筑巢，共同孵蛋，并且为了物种的利益共同抚养后代——这是普遍的看法。然而，遗传指纹显示，巢中很大一部分后代并非来自喂养和照顾雏鸟的雄鸟。在对山雀的研究中，高达 80% 的雏鸟是与邻近雄鸟“婚外交配”的结果。起初，科学家们推测这些交配主要是由雄鸟主导的。但后来发现，雌鸟才是主动寻找“婚外情”的那一方。但它们为什么要这样做呢?

我们已经从狮子杀死幼崽的现象中看到，雄性和雌性有着完全不同的利益考量。两种性别都试图以最大效率将自己的基因传给下一代，而这不可避免地会导致冲突。在杀死幼崽的例子中，冲突的结果有利于雄性，而不利于雌性。现在，让我们从雌鸟的角度来看看它们所处的情况：为了获得尽可能高的繁殖成功率，它们最好是与最优质的雄鸟交配，并生活在一个资源丰富的领地。然而，大多数雌鸟无法同时拥有这两种选择，最好的领地往往已经被其他雌鸟占据，而这些雌鸟会激烈地捍卫其领地边界，抵御竞争者。如果自己的伴侣质量不高，那么雌鸟可以通过“外遇”从更高质量的雄鸟那里获得精子，使自己的卵受精，这似乎就是它们经常与其他雄鸟交配的原因。

不过，就雄鸟而言，它们理应尽力避免被欺骗并且抚养“情敌”的幼鸟。事实上，可以观察到许多雄鸟会在卵受精期间特别严密地看守自己的雌鸟。它们有时甚至还会采取一些令人惊讶的措施，例如，如果雄性家燕在家中找不到雌鸟，它们就会发出警告声，而这种警告声通常用来警告有捕食者出没。当听到这种叫声时，附近的所有家燕都会立即停止一切活动，包括与陌生伴侣的“偷情行为”。

野生豚鼠的社会生物学

我们自己的研究也对雌性行为看法的改变做出了贡献。特别是通过对不同种类的野生豚鼠进行比较，我们重新评估了雌性豚鼠的角色定位，以及与其密切相关的交配系统和社会系统的进化。因此，接下来就将对我们研究中的社会生物学观点进行总结。

据我们目前所知，大约有 15 个不同种类的野生豚鼠生活在南美洲。它们与长耳豚鼠和水豚同属豚鼠科，其中我们特别深入研究过的物种是普通野生豚鼠。我们在第三章中已经了解到，它们是家养豚鼠的祖先，在生物学上与家养豚鼠仍然同属一个物种。第二种是我们研究较多的普通黄齿豚鼠。它的外观和行为与普通野生豚鼠存在显著差异，并且不能与它们杂交。

多年来，我们一直在研究所饲养和研究这两种动物，并在南美洲的自然栖息地对它们进行了观察。让我们先来看看普通黄齿豚鼠。通常情况下，许多只雄性和雌性可以一起饲养在同一个围栏中，而不会出现任何问题。所有个体时常聚集在一起休息并且紧紧地依偎在一起，每个个体会位于其他同类的上方、下方或旁边。过了一会儿，这些动物又各奔东西。群体成员之间不会建立任何关系或友谊，更确切地说，每只个体都会与其他同类互动，这种互动有时是友好的，有时是带攻击性的。几个小时后，所有的动物又会聚集成一个大的、共同的群体。

有一天，我们观察到其中一只雌性准备繁殖时出现的情况。它突然开始奔跑，其前进路径呈“之”字形，并且发出响亮的叫声，吸引了所有雄性的注意。这些雄性在它后面追赶，地位最高的雄性试图独占这只雌性，但由于其奔跑路径难以预测，因此并没有成功。突然，这只雌性停了下来，紧随其后的雄性骑了上去，与其交配。随后，追逐继续进行，所有雄性都跟在这只雌性后面，直到它再次突然停下来，让下一只雄性前来与其交配。这个游戏就这样持续进行，直到所有雄性都与其完成交配为止。很明显，这只雌性通过自己的行为，主动发起了与多只雄性的交配。

随后，我们在一个所谓的选择实验中证明了这一点。我们制作了一个装置，这个装置由一个中央围栏和 4 个通过走廊连接的外围栏组成。雌性被放置在中央围栏中，可以自由进出装置的各个部分。

每个外围栏里各有一只雄性，但雄性不能离开自己的隔间。因此，雌性可以自由选择与谁交配。事实上，研究中的大多数雌性都从一个围栏跑到另一个围栏，并多次与不同的雄性交配。

正如我们在遗传指纹的研究中所表明的那样，这种行为几乎总是会导致多重父子关系，这意味着同一窝的幼崽通常是多只雄性的后代。顺便说一句，这种情况不仅出现在人类饲养的普通黄齿豚鼠中。对在阿根廷自然栖息地自由生活的普通黄齿豚鼠进行研究时，我们也证明了在 50%~80% 的情况中，同一窝的幼崽不只是一只雄性的后代。

那么问题也随之而来：为什么雌性会不遗余力地与不止一只雄性交配？按照社会生物学的逻辑，如果这种行为能带来更高的繁殖成功率，那么这一问题就迎刃而解，事实也的确如此。在一个著名的实验中，我们将雌性普通黄齿豚鼠与一只雄性或 4 只不同的雄性普通黄齿豚鼠放在一起。无论雌性有一个还是 4 个伴侣，它们几乎都会怀孕，而且它们生下的后代数量也没有显著差异。然而，如果新生幼崽的母亲之前与多只雄性在一起，那么新生幼崽的存活率几乎会增加一倍。这是第一个表明雌性哺乳动物可以从与多个雄性交配中受益的例子，因为这种行为会提高它们的繁殖成功率。

这种现象该如何解释呢？我们团队的成员马蒂亚斯·阿舍（Matthias Asher）在他的博士论文中研究了在南美洲自然栖息地的普通黄齿豚鼠。这些动物生活在植被稀少的半沙漠地带，为了找到足够的食物，它们不得不远距离四处觅食。在这种条件下，雄性不可能独占一只或多只雌性，这可能就是该物种从一开始就没有发展出社会关系的倾向的原因。

在它们的栖息地有大量的捕食者、猛禽和蛇，它们必须时刻保持警惕。因此，它们只有在有荆棘丛保护的地方才有生存的机会。这些合适的区域往往相距甚远，因此在这些区域之间移动会带来很大的风险。所以这些动物宁愿不迁徙，留在它们出生的地方。但这样做的问题在于，从长远来看，种群的近亲繁殖程度会越来越高。因此，雄性的基因质量以及相应的精子质量都会下降，我们已经与生殖医学方面的同事一同证实了这一点。

生活在这样一个种群中的雌性应该怎样做呢？一般来说，雌性应该尽量寻找一个精子质量优良的伴侣。但是，如果雌性无法从雄性那里得知其自身质量或其精子质量如何，那么它就应该让多只雄性的精子以竞争的方式参与卵子的受精。这正是雌性与多只雄性交配的目的。由此可见，雌性普通黄齿豚鼠的性行为会导致精子竞争，从而将质量较差的精子排除在繁殖过程之外，并且让质量较好的精子使卵子受精。这一机制很可能解释了为什么与多只雄性交配的雌性所生的幼崽，比只有一个伴侣的雌性所生的幼崽具有更好的生存能力。

所有哺乳动物的雌性都会这样吗？事实并非如此。马蒂亚斯·阿舍还在南美洲的自然栖息地研究了普通野生豚鼠。这些动物生活在湿润的草原上，那里的食物几乎总是很充足，而且分布均匀。因此，这些动物的觅食区域比普通黄齿豚鼠小得多，而且往往有多只雌性豚鼠在同一区域吃草。在这种情况下，强壮的雄性可以轻易地将1~3只雌性据为己有，并成功抵御对手的攻击。因此，根据雌性豚鼠的分布情况，它们会成对生活，或形成小型的多配偶制群体。

然而，与普通黄齿豚鼠的栖息地一样，普通野生豚鼠的栖息地也面临着来自天敌的巨大压力。因此，普通野生豚鼠除了需要开阔的草地来觅食，还需要茂密的植被来藏身。遇到危险时，它们几乎直到最后一刻都一动不动地躲在植被里面。

具有这种避敌策略的哺乳动物通常表现得很不显眼，并且远离其他同类，普通野生豚鼠在这方面也不例外。这可能与该物种不会形成大型群体，以及一只雄性豚鼠只能保护极少数雌性豚鼠有关。根据我们的研究，不同种类的豚鼠并没有一种单一的、特定的、只允许与主要模式略有偏差的社会组织形式。与此相反，它们所呈现的多样性是适应各自生态位的具体条件的，这也与行为生态学理论一致。

亲子鉴定结果表明，这两种动物的交配系统也有所不同。在普通黄齿豚鼠中，绝大多数情况下有多只雄性是雌性所生的同一窝幼崽的父亲；而在普通野生豚鼠中，幼崽的父亲通常与雌性成对生活，或者是与雌性在小型多配偶制群体里一起生活。

我们可以合理地假设，这种差异也与雌性豚鼠的行为有关。事实上，当我们让雌性普通野生豚鼠在选择装置中自由决定与 **4** 只雄性豚鼠中的哪一只交配时，它们的行为与普通黄齿豚鼠完全不同。它们仔细观察了所有雄性豚鼠，然后选择了其中一只作为自己的社会伴侣，这只雄性豚鼠也成为了其后代的父亲。由此可见，普通野生豚鼠和普通黄齿豚鼠在交配系统和社会系统方面的巨大差异，可能至少部分是由雌性的行为造成的。

大约 20 年前，为了避免近亲繁殖问题，我们不得不更新饲养的豚鼠。因此，我们从玻利维亚引进了一些新豚鼠，但这些豚鼠在体型和毛色上与我们之前养过的有些不同。起初，我们以为这是因为新豚鼠与之前的豚鼠来自南美不同地区。然而，当之前的豚鼠和新的豚鼠在交配后无法成功繁殖时，我们开始产生怀疑，并与法兰克福森肯伯格博物馆的同事一起对新豚鼠进行了仔细的检查。结果引起了不小的轰动：这些引进的动物根本不是普通黄齿豚鼠，而是一个新物种。由于它在明斯特首次获得科学性的描述，因此我们以这座城市的名字为其命名——“明斯特豚鼠”。

迄今为止，还没有关于明斯特豚鼠如何在其自然栖息地生活的研究。然而，我们研究所的研究表明，这是一种一夫一妻制的物种，一只雄性和一只雌性长期生活在一起。这是因为雄性明斯特豚鼠之间互不相容，雌性明斯特豚鼠也不喜欢其他雌性。但是，当合适的雄性和合适的雌性相遇时，它们会一见如故，组成和谐的一对，并在很短的时间内成功繁衍后代。对其他一夫一妻制哺乳动物的研究表明，这些特征是一夫一妻制生活方式的典型特征。当我们让雌性明斯特豚鼠在选择装置中自由选择不同的伴侣时，我们对一夫一妻制物种的预期在这里也得到了证实：雌性明斯特豚鼠首先观察了所有潜在的伴侣，然后与其中一只雄性明斯特豚鼠建立了牢固的社会关系，这只雄性明斯特豚鼠随后成为了其后代的父亲。

于是，借助一个幸运的巧合，在我们的研究所里同一时间生活着3种具有不同社会制度的动物：不与同类形成任何牢固社会关系的普通黄齿豚鼠，形成小型多配偶制群体的普通野生豚鼠，以及成对生活的明斯特豚鼠。这种情况为系统性地检验社会生物学理论的假设提供了机会。例如，在这3个物种中，父亲对幼崽的行为应该有明显不同，因为毕竟对雄性动物来说，亲子关系的确定性有很大差异。例如，对普通黄齿豚鼠的雄性来说，亲子关系相当值得怀疑；对普通野生豚鼠来说，亲子关系比较确定；而对明斯特豚鼠来说，亲子关系是相当确定的。为了最大限度地提高适合度，雄性只有在相当确定自己的亲子关系时，才会投入时间和精力养育幼崽。

我们团队的奥利弗·阿德里安通过分析这 3 种豚鼠的父亲对后代的行为，验证了这一假设。在明斯特豚鼠中，雄性会精心照顾后代，并经常与它们玩耍。在普通黄齿豚鼠中，雄性对后代的行为表现出不感兴趣，甚至具有攻击性。普通野生豚鼠的行为则介于两者之间，虽然它们对自己的后代没有攻击性，但它们与后代玩耍的次数明显少于明斯特豚鼠的父亲。

总体而言，每个物种的亲子关系越确定，父亲对后代的投入就越多。这有力地证实了社会生物学理论的预测：在父亲对后代的照料方面，动物的行为也并不是为了物种的利益，而是试图最大限度地提高自身的繁殖成功率。

结论

大量研究表明，动物的行为并不是为了物种的利益，更确切地说，在自然选择的作用下，它们会竭尽全力将自己的基因复制给下一代。如果帮助同类并与之合作是实现这一目标的最佳途径，那么它们就会这样做；但如果它们更有可能通过胁迫、攻击或杀死同类来实现这一目标，那么它们就会采取相应的行为。

由于每个个体的行为主要是为了最大限度地提高自身的适合度，

因此不可避免地会出现冲突：雄性之间、雌性之间、兄弟姐妹之间以及两性之间。

此外，对雌性的观察导致了对雌性角色的重新评估：雌性绝不是雄性行为的被动接受者，相反，它们会通过自己的行为积极有效地以最大限度地提高自身的适合度。

第八章

动物与我们的共性

总结

行为生物学的发现从根本上改变了我们心目中的动物科学形象，并且帮助我们更好地了解动物。无论我们研究的是动物的思维、感觉还是行为：它们变得更接近我们，我们也变得更接近它们。动物身上的人性远远超出了我们几年前的设想。

当然，动物之间也存在差异：黑猩猩、海豚、狗或小鼠与人类的共同点显然要多于蚂蚁、海星、蜗牛或变形虫。这并不奇怪，因为从生物学角度来说，我们与前者的亲缘关系比与后者的关系密切得多。和它们一样，我们也是脊椎动物，属于哺乳动物纲，与它们有相似的大脑、神经和激素系统。由于思维、感觉和行为最终都源于这些系统的活动，因此生物体在这方面的可比性越高，它们之间的相似性也就越高。

如今我们知道：非人类哺乳动物并不是对外部刺激做出反射性反应的自动装置。它们不是本能的提线木偶，并不会只对关键刺激做出僵化的反应。而且，与我们人类一样，它们的行为也不是沿着预定的路径不可改变地发展的。

环境、学习和社会化过程在决定个体行为发生过程中起着重要作用，即使是产前母体受到的影响也能深刻地影响后代大脑和行为的发展。幼年期环境的影响尤为持久，因为中枢神经系统在其发展的早期阶段很容易受到外界影响。后期阶段也很重要，对于生活在社会群体中的动物来说，青春期是其生命中的一个关键阶段，在这一时期，通过与同类的互动，它们可以进一步获得共同生活的基本社会技能。尽管学习过程在这些早期阶段具有决定性的意义，但行为直到老年都仍然具有可塑性——动物拥有终身学习的能力。就像我们人类一样，非人类哺乳动物也是一个“开放系统”，在其整个生命过程中都会受到环境和学习过程的影响。

与我们人类一样，其他哺乳动物的行为控制也是由多个因素决定的。特定行为是否被触发以及如何控制这种行为，通常取决于环境特征和内部因素，如性别、年龄、社会地位、经验、激素状态和遗传倾向。因此，把复杂的行为归结为个体因素既不合适，也不可能，例如，攻击行为不能用激素的决定作用或攻击本能来解释。近年来，人们发现了许多参与行为控制的基因，但这些基因并不能决定行为。这不足为奇，因为行为总是源于基因组和环境的相互作用。例如，在有利于学习的环境中长大的“基因愚蠢”的小鼠，在学习测试中被证明优于生活在低刺激环境中的“基因聪明”的同种小鼠。

另外，即使是基因构成上的微小差异，也会导致不同个体对相同情况做出截然不同的反应。此外，后天形成的行为特征还可以通过表观遗传代代相传。在所有这些方面，人类和非人类哺乳动物显然没有什么区别。

在人类的早期发展阶段，基因组和环境的相互作用导致了独特个性的形成，我们的非人类“亲戚”在行为的发生过程中也会形成独特的性格。没有两只黑猩猩是相同的，每只小鼠或大山雀都不同于其他同类。长期稳定的动物个性的发现也使我们非人类“亲戚”个体成为关注的焦点。个体差异也是它们行为的一个基本特征。

当涉及社会环境、行为和压力之间的关系时，人类和非人类哺乳动物之间的巨大相似性也是显而易见的。前几章中已经表明的非人类哺乳动物的规律也几乎同样适用于人类：如果个体融入了一个稳定的社会体系，并且其社会关系得到明确界定，那么个体几乎不会出现任何应激反应；与此相反，社会不稳定和社会关系不明确会导致压力激素的大量释放，如果长期处于这种状态，那么无论是人类还是非人类哺乳动物，都更容易患上疾病。

当谈到什么因素可以提供抵御压力的保护时，我们也为非人类哺乳动物和人类找到了同样的答案：好的社会伴侣能够最有效地缓解压力，而且社会关系越好，抵御压力的能力就越强。

和我们人类一样，非人类哺乳动物也具有情感，它们也拥有正面或负面的情绪，并会根据不同的情况和个性表现出不同程度的情绪。根据目前的知识水平，人类和动物的恐惧、焦虑或喜悦等基本情绪至少是由相同的神经回路产生和控制的。

至于我们的非人类“亲戚”有多少种情绪以及有哪些情绪，目前还无法用科学方法来回答。我们也有充分的理由认为，并非所有的人类情绪都会在动物身上出现，也并非所有的动物情绪都会在人类身上出现。不过总的来说，我们仍然可以认识到，非人类哺乳动物就像我们人类一样，都是有感受能力的生物，它们与我们人类具有基本相似的情感。

动物身上有很多人类的特征，能在包括人类在内的所有哺乳动物间发现许多相似之处。然而，在关于人类的讨论中，这一观点往往被忽视：如果非人类哺乳动物的行为发展是一个开放的过程，而其过程并不是在受孕、出生或者幼年期结束时就固定下来的，那么我们也不应该假定人类的行为是在生物学角度上已经预设好了的。如果非人类哺乳动物能在青春期学会以无压力、和平的方式与陌生同类相处，那么在生物学上，人类就没有理由做不到这一点。如果基因不能决定非人类哺乳动物的行为，那么基因也不应该决定人类的行为。如果良好的社会关系和正面情绪是非人类哺乳动物应对压力和疾病的最佳良药，那么这对于人类来说也应该是一样的。

近年来，最受公众关注的行为生物学研究成果涉及动物的认知能力，这大概是因为这方面的最新研究成果直接影响到人类的自我形象。因为从传统的角度上来看，只有人类被认为是拥有理性的存在。然而，近年来这一教条已被彻底动摇。如今我们知道，某些动物不仅会学习，还会思考。它们会制造工具，并有目的地使用工具，会进行发明创造并将其作为文化传统代代相传。它们能在镜子中认出自己，知道其他同类的想法，并利用这些知识来追求自己的目标。不少实例都表明，类人猿、海豚或大象也知道自己是谁，并且它们也可能像人类一样拥有自我意识。

毫无疑问，人类拥有所有生物中最强的认知能力。正如对鸟类的研究表明的那样，进化会带来更高的认知功能，但进化不一定只朝人类这个物种的方向进行。长期以来，我们的近亲类人猿似乎是“最聪明”的动物。但根据目前的研究成果，鸦科鸟类在这方面丝毫不比类人猿逊色。实际上，哺乳动物和鸟类的进化路线早在几亿年前就已经分开了。因此，向高级认知功能的进化绝不是一个单向的过程，也不意味着人类是进化尽头的“万物之王”。

既然拥有了这么多共同点，那么人类与动物的最终区别是什么?

动物可以借助发声进行有区别的、高效率的交流，最近的研究使动物语言与人类语言更接近了。然而，人类交流的复杂方式，例如如何交流过去、现在和未来事件的信息，这在动物中却尚未被发现。

虽然动物可以思考，或许它们也有自我意识，但它们似乎只能在非常有限的程度上（如果存在的话）反思自己和这个世界。

虽然动物可以提前计划几个小时或几天的时间，但它们无法有意识地预测未来几周、几个月或几年的未来。

动物可以教它们的幼崽如何使用工具或捕猎特定的猎物，然而，它们充其量也只呈现出最基本的、以规范为导向来实现教育目标的教育方式。

动物可以做出创新发明，这些发明可以在整个群体中传播并代代相传；然而，这些发明并不会被其他同类进一步发扬和改进。正如美国发展心理学家迈克尔·托马塞洛（Michael Tomasello）恰如其分地指出的那样，动物中不存在累积性的文化进化。

人类与动物之间的差异是渐进的还是绝对的，这一点经常引起争论。一方面，动物不会创作交响乐、写小说、建造大教堂或制订应对气候变化的行动方案；另一方面，动物拥有我们人类两三岁或三四岁儿童所不具备的认知能力。

而且几乎任何一种人类特征或能力至少以某个部分的形式存在于非人类哺乳动物中。从行为生物学的角度来看，人类和动物走得更近了，动物身上存在很多人类的影子。但是，我们与动物之间是否存在量或质的差异，并不能根据行为生物学数据来决定。这个问题的答案最终取决于每个人自己。

在另一个经常被公众遗忘的领域，动物也与我们走得更近了。

根据人类道德观念，“好动物”的形象占主导地位。的确，许多哺乳动物的社会生活以亲社会行为、广泛合作与和谐为特征。正如荷兰猴类研究者弗兰斯·德瓦尔在研究中发现的那样，一些物种的代表甚至具有公平感，理解并分享同类的情感，在必要时安慰群体成员，并在发生冲突时拥有复杂的冲突解决机制与和解机制。

但同样真实的是，这些动物也会通过威胁、争斗和胁迫来维护自己的利益，并且为此可以毫不犹豫地杀死自己的同类。在黑猩猩群体中，“战争冲突”并非个例。古典动物行为学家认为，动物的行为是为了物种的利益，并且会尽量避免杀死同类。然而，杀害同类的禁忌显然并不存在。

如今我们认为，动物的行为并非主要为了物种的利益。与此相反，利己原则无处不在，动物所做的一切都是为了以最高的效率将自己的基因传给下一代。如果它们可以通过帮助同类和与同类合作来实现这一目标，那么它们就会这样做。但如果它们能够通过胁迫、攻击或杀死同类来实现这一目标，那么它们就会采取相应的行为。

动物并不是“更好的人”！相反，只有人类能够通过文化成就——人权、和平与包容的教育，在法律面前的人人平等……以摆脱“自私基因”的支配。

结论

近几十年来，行为生物学经历了几次范式的转变：从物种保护到亲缘选择和个体选择，从先天本能到基因与环境的相互作用和表观遗传，从模板式发展到终身行为可塑性，从一致的行为到动物个性，从条件反射学习到“认知转向”、从排斥情感到“情感转向”，从病理学观点到认识到“偏差”也可以是适应环境一种方法——直至意识到在人工饲养环境中的动物友好型生活，不仅仅意味着身体健康和能够繁衍后代。这些范式的转变引发了动物形象的革命，这有助于我们更好地了解动物，也有助于我们为动物提供更好的生活。同时，这一切也体现了我们与动物的相似程度。由此可见，动物与人类的共性，远远超出了我们以前的设想！